Media
TECHNOLOGY
传媒典藏
音频技术与录音艺术译丛

ROUTLEDGE

声音设计
理论与实践

Sound Design Theory
and Practice

[澳] 利奥·默里 (Leo Murray)◎著　黄英侠◎译　洪越◎审

人民邮电出版社
北 京

图书在版编目（CIP）数据

声音设计理论与实践 / （澳）利奥·默里
（Leo Murray）著；黄英侠译. -- 北京 ：人民邮电出版
社，2023.11
　（音频技术与录音艺术译丛）
　ISBN 978-7-115-60390-6

Ⅰ. ①声… Ⅱ. ①利… ②黄… Ⅲ. ①声音处理
Ⅳ. ①TN912.3

中国版本图书馆CIP数据核字(2022)第208248号

版权声明

◆ 著　　　　　[澳] 利奥·默里（Leo Murray ）
　　译　　　　　黄英侠
　　责任编辑　　黄汉兵
　　责任印制　　马振武
◆ 人民邮电出版社出版发行　　北京市丰台区成寿寺路 11 号
　　邮编　100164　电子邮件　315@ptpress.com.cn
　　网址　https://www.ptpress.com.cn
　　北京天宇星印刷厂印刷
◆ 开本：700×1000　1/16
　　印张：14.5　　　　　　　　2023 年 11 月第 1 版
　　字数：217 千字　　　　　　2024 年 9 月北京第 4 次印刷
　　著作权合同登记号　图字：01-2022-7510 号

定价：99.80 元
读者服务热线：(010)53913866　印装质量热线：(010)81055316
反盗版热线：(010)81055315
广告经营许可证：京东市监广登字 20170147 号

内容提要

　　本书是一本比较全面且易于理解的关于声音设计概念的指南，这些概念为声音设计的创作提供创意决策支持，从实践与学术两方面提供了一整套系统化的分析方法。

　　本书通过对一些经典的电影、电视以及游戏中的声音进行分析，阐明声音设计的艺术实践理论与分析基础，帮助读者建立关于声音设计的综合而严谨的概括性框架，从实践和学术两个方面提供一整套系统化的分析方法，而以前声音设计经常被看作"技术的"或制作过程中的次要部分。

　　本书主要内容包括：声音的理论、声音的视听理论、作为符号的声音、使用符号学分析声音、《金刚》（1933）、《老无所依》、非故事片中的声音、视频游戏中的声音、实践中的声音等。

　　本书适合那些有意愿去实践、学习、讲授或研究声音设计的人，比如影视及数字媒体行业的声音设计师、高校相关专业的本科生和研究生等。

　　利奥·默里（Leo Murray）是澳大利亚莫道克（Murdoch）大学的讲师。他作为广播工程师在英国工作过十年，在转行教书和研究声音之前，主要在电影和电视行业工作。他的研究兴趣包括声音设计、符号学和媒介伦理道德研究。

中央高校基本科研业务费专项资金资助

——中央戏剧学院优秀科研成果出版资助计划

　　我对声音的个人兴趣始自幼年，就像我的同行们一样，喜爱听音乐、看电视、看电影、玩游戏。在我成长的过程中，儿童电视节目看似无休无止，但都有非常优秀的主题音乐和生动的声音效果，人物的声音形象给人留下深刻的印象。在卡通系列片《猫和老鼠》（*Tom and Jerry*）中，汤姆猫经常受到让人意外，却只是暂时的"痛苦折磨"。其中一集里的故事细节都已记不清楚了，但我仍然记得它尖叫的声音。它那么绝望、活生生、拉长的痛苦尖叫声，又透露着诙谐，它真的打动了我。甚至，现在我还清楚地记得那叫声。虽然那时不是特别明白，但我知道那是有人创作出的声音，因为我知道卡通形象自己是不能出声的，有人为卡通形象选择了那个声音，并且配合得非常棒！

　　从那时起，我开始逐渐对事物如何发出声音产生了兴趣。对于 20 世纪80 年代的少年，这可能是激发我对音乐和音乐作品兴趣的原因。看起来，音乐、音乐科技与原创的、层出不穷的有趣的新声音、新风格共同发展着。后来，我发现大致与我同龄的声音从业者们，在同一时期也各自经历了声音启蒙。无论是 20 世纪 70 年代游戏控制器上的电子音响，华纳兄弟娱乐公司卡通片中人物的声音，《无敌金刚》（*The Six Million Dollar Man*）中史蒂夫·奥斯汀（Steve Austin）使用其仿生学能量的暗示，还是《神秘博士》（*Doctor Who*）中未来风格的主题音乐，每种声音都让我着迷。虽然在上百部卡通片中都看到了他的名字，但我并不知道梅尔·布兰科（Mel Blanc）是谁。我不知道，是什么人、如何想出来用声音来表现仿生学画面的。我并不知道，迪莉娅·德比希尔（Delia Derbyshire）和她同时代的人们在 BBC 电台播音间里已经创作出许多具有革命性的声音。那时，我用借来的摄像机做实验，第一次为出现在屏幕上的影像配上声音。作为成年人，我仍然对声音着迷，特别是与活动影像同步的声音。

致
ACKNOWLEDGEMENTS
谢

我要感谢几位我在莫道克大学的同事，特别是盖尔·菲利普斯（Gail Phillips）、马丁·曼多（Martin Mhando）和艾利克·麦克豪（Alec McHoul），没有他们，这本书不可能写成。还有另外几位莫道克大学的同事提供了帮助，让我有时间工作，他们花时间给我建议、支持，感谢他们的耐心和幽默。我要感谢海伦娜·格雷汉（Helena Grehan）、克里斯·史密斯（Chris Smyth）、安妮·苏玛（Anne Surma）、里奇·科斯顿（Rikki Kersten）、约翰内斯·穆德（Johannes Mulder）、西蒙·奥德（Simon Order）、蒂莫西·英格（Timothy Eng）、坎·默顿（Cam Merton）和杰基·贝克（Jacqui Baker）。除了教师之外，我还特别感谢一些学生（本科生还有研究生）。特别要感谢本·莫顿（Ben Morton）和乔丹·斯维汀（Jordan Sweeting）以及许多其他人的工作，提示我在这个主题上变换思路，开拓不同的探索之路。

我也要感谢一些电影人给我机会在他们的制作中与他们合作，特别是丹米恩·范索罗（Damian Fasolo）、内森·梅威特（Nathan Mewett）、格兰·斯台修克（Glen Stasiuk）和里贝卡·希莱拉（Rebecca Cialella）。我也受惠于在英国和澳洲的从业者们，以及他们在本书最初的调研中所花的时间和调研的内容：他们是杰姆斯·柯里（James Currie）、洛夫·德·希尔（Rolf de Heer）、格拉汉姆·罗斯（Graham Ross）、托尼·穆塔格（Tony Murtagh）、凯利斯·沙玛利斯（Kallis Shamaris）、史蒂文·海因斯（Steve Haynes）、里克·柯廷（Ric Curtin）和格兰·马丁（Glen Martin）。一些在美国的从业者们答应为此书而接受采访，他们是查尔斯·梅恩斯（Charles Maynes）、埃马尔·维格特（Emar Vegt）、杰伊·派克（Jay Peck）、马特·哈什（Matt Haasch）、马克·曼吉尼（Mark Mangini）、保拉·费尔菲尔德（Paula Fairfield）、蒂姆·尼尔森（Tim Nielsen）和汤姆·弗莱奇曼（Tom Fleischman）。

第 5 章的一部分最初刊发在 2015 年的《声学研究》（*Journal of Sonic Studies*）（10）杂志上，出版时叫作《皮尔士与声音设计实践》。

第 8 章的一部分最初出版于 2013 年，是在传播协会年会（Communication Association Annual Conference）上的论文《以我之耳：澳大利亚和新西兰非叙事电影和电视中的声音伦理道德》。

封面图（注：指英文原书封面图）——"制鞋机"是经过米歇尔·赫姆（Michelle Home）允许使用的艺术作品。它是为澳大利亚 2015 年的短片《索尔班克》（*Sol Bunker*）而作，这部影片由马坦·梅威特（Mathan Mewett）编剧并导演，与影片同名的人物是一位古怪而痴迷于声音的声音设计师。

目
CONTENTS
录

第 1 章

导论

本书的写作初衷是要使声音设计的理论与声音设计实践相适应。[1] 对于那些要把声音设计理论、分析与声音设计实践相结合的人来说，现有的声音设计分析文章中的内容与它的实践之间存在着实实在在的距离。对于那些为纪录片、故事片创作声音的从业者们或为数字视频游戏进行互动声音设计的人们来说，工作中呈现出一系列的挑战，这需要很多的技能，包括技术方面的和艺术方面的，这些都值得被清晰地阐明。除了有关声音纯理论性的论述，业内实践则可能由从业者们对其自身工作的反映来表达，或由对从业者们的采访出发，以更加学术化的文字方式来表达。但是，当前并没有多少系统化地将理论与实践结合在一起的文字。

声音从业者的前几辈人，通常经过学徒模式进行学习，他们在师傅边上通过实际工作吸取经验。声音设计的艺术与技术可以在师傅们的指导下习得。当今的培训则更可能通过技术培训和第三方机构进行，而不是通过师徒模式进行学习，而这最理想的方式应该是在理论学习的同时还有对实践指导的教学。有相当大一部分声音从业者并没有正式学习过声音制作，但是他们有天赋、机缘巧合以及自我实践，其能力已达到业界对这个工作岗位的要求。

学习声音设计涉及如何处理声音。声音可能来自原始录音，但也许在录音工作室中被替换，或者在一开始就是设计好的。[2] 音乐可能为作品而作，或是作品按照音乐来剪辑。有时作品制作关注的焦点在精确和忠实的记录上，而其他时候则注意整体的替换或是对原始录音的精心剪辑，隐去声音处理过程中的人为痕迹。真实与人为塑造和谐并存、同期与后期并存。全部或部分声音元素可根据讲述的故事或游戏的需求被混合在一起。当声音与影像结合时，意义、重点或细微之处，或整体的变化就是通过对声音的发现、放弃或重新构建来实现的。

从这个角度出发，本书的目的就是阐释声带创作中的一些处理过程，即业界声音工作中实际的操作方式。传统的分析方法着眼于作品，而本书更关注对操作者的研究，目的就是给予操作过程应有的重视。以实践为中心的分析模型一直是传统的将理论和概念应用于实际操作环境中的分析方式。因此，其目的是设计一种基于声音设计者实际操作的声音设计理论。

通过参与各种各样的制作和教授声音设计的实践，我发现了许多出色的从批评、分析或理论角度出发的理论著作，还有针对从业者的访谈和文章。但是，这两种类型的论著很少相关联，在理论与实践之间缺乏联系。在声音设计领域尤其如此，声音设计在电影理论中相对得不到重视。看来明确一种声音设计理论，同时讨论植根于实践这两个问题是个好办法。因此，本书将讨论以下问题。

什么样的理论模型与声音设计者运用声音的实践方法最为匹配？

声带制作以及引导声带创作工作的深度和复杂性通常都被忽略了，简化为看似纯粹的一系列技术步骤。下面的引言源自 1938 年，它总结了从声带制作的外部视角出发，人们一直持有的观点是，认为它看起来天生就是一些技术的细节，包括话筒、调音台、频率均衡器等。

当在卡内基音乐厅（Carnegie Hall）中听到杰出小提琴家的演奏时，你认为他是个出色的具有创造力的艺术家——当然不是个机械师。但是，如果你在他练习时，一个又一个小时地陪着他时，你可能对其手指在琴弦上按下时的一丝不苟，以及他的运弓，甚至琴上使用的琴弦类型就相当有体会了。如果，在这期间他看上去需要集中注意力于技巧，很可能在听音乐会时，你会把他想象为一个出色的技师，他的琴仅仅是件机械工具。他的音乐会可能实际上是一场美丽的创作，但从你的角度则会破坏你对它的欣赏。

幸亏观众看到的是成片，并没有看到它在混录棚里被一遍遍地反复演练。如果混录是成功的，观众并不会注意到混录师的技巧，而只会注意到混录结果。但是，导演和制片人关注混录工作中的每个细节，可能考虑的就是混录师和他机械性的工具，因为无论他在思考什么（混录中最关键的部分），他的手则一直是进行着多种机械操作，同时他与其助手交流的内容都是机械的术语。

[美国电影艺术与科学学院研究委员会（Research Council of the Academy of Motion Picture Arts and Sciences, 1938, 72）]

可以拿音乐来打个比方。为了演奏出令人愉悦的声音，你必须从机械和技巧两个方面把握乐器，使它们对于听众来说变成"隐形"的。声音从业者同样知晓，他们的工作越出色就越不可见。对于观众来说，如果了解了声带的制作过程，可能根本就无"欣赏"可言了。

对于那些参与视频游戏、电视片或电影制作，但不直接参与声音工作的人来说，声音的制作过程可能是一种神秘的、技术性的过程，或他们完全不了解声音的制作过程。例如在电影拍摄现场，摄制组的大部分成员只关心影像的拍摄，包括摄影师、灯光师、照明人员、美术师、发型师、化妆师等。他们的工作是可见的，特别是在视频回放时可以看到他们的劳动成果。相对而言，录音组通常只有两个人，而且只有他们知道在录制什么声音，就声音而言，其他摄制组成员处于"暗处"。耳机可以排除其他人的干扰，处于一个"隔离"外界的空间中。而其他部门的工作通常首先被看到，但也要通过摄影机的镜头和放映作品的屏幕。声音世界中的任何问题、解决方案或修改都处于"暗处"。

不言而喻，摄影师必须理解并掌握摄影机的技术与使用技巧以便制作出艺术作品。在艺术作品展示时，产生艺术的方法则变得与其无关了。声音可能也应该以相同的方式被观众感知。但是，由于大众对于其处理过程的了解、理解的缺乏，它被归结于次等的、从属的或者更糟的层次，即仍然被认为是一系列纯技术的处理过程，而非艺术创作。与摄影师的摄影机或小提琴家的乐器相似，声音从业者需要理解并掌握技术与技巧，以便创作出艺术作品，一旦作品被演奏或展示，这些技术与技巧就被隐藏了。

本书旨在对于声音设计的实践建构一种理论和概念的基础，声音设计常被看作"技术性"的工作或制作过程的从属部分。希望本书可以提供一种分析和描述声音设计实践的方法，其中，广义上的声音可以被用于"构成意义"。同时，就为那些从事声音设计研究和实践的人提供实际的用途而言，也希望描述出声音设计实践的理论基础，对于把声音设计作为创作手法而非作为技术手段来理解有所贡献。

当我调研声音理论、电影理论和电影批评时，我也在拍电影、看电影，同时阅读各种从业者自己写作的有关他们自己的工作方法和研究的著作。在解读从业者们对自身工作实践的观点和描述时，他们共同的特征和工作方式，可部分归结于学校的教学思想或业内、社会的组织结构。看起来，他们在工作方式上也具有共同的特征，这似乎揭示了声带制作的一贯的，以及有意义的方式。这种方式并不特别关注制作技术的细节或声音元素的细节，而更关注声音与画面合为一体的整体效果。有一种对于故事压倒一切的重视，以及关注声音如何帮助叙事。在我的研究中，声带的总体作用相对于其组成部分来说，越来越成为研究的重点。相对于整个故事而言，每个部分在做什么？这些效果是如何达成的？声音设计专家如何看待他们自己和他们的工作？

如果声带的基本任务是帮助叙事，那么声音设计师的基本任务自然也是帮助叙事。本着这一看似基本的常识，声音的选择可以认为完全就是关于叙事的——无论是有关一句台词的清晰度、对影像音乐的时间节奏和选择环境声对故事背景暗示的可能性，还是体现事件的真实感。

这形成一种一直用于电影的理论思考——什么最适合解释声音设计的特殊功能？符号学领域已经提供了大量粗粝的理论材料，由此发展出了电影理论。符号学是对符号的研究，对许多人来说（包括我自己），符号是我们理解世界的方式，是一种极其有用的思维方式。瑞士语言学家费迪南德·德·索绪尔（Ferdinand de Saussure）的思想在学术界一直被几代人采纳。索绪尔的符号模型，或对其的修改 [巴特（Barthes），1968；1972；麦茨（Metz），1974] 最常用于电影分析。索绪尔的模型发展源自他对语言学的研究，研究的是符号的任意性以及符号产生或改变含意时其顺序的改变和重要性。因为电影的视觉效果可以很容易地被分为场景、镜头和固定画面，因此人们很容易使用电影的语言进行类比，电影的结构相当于语言的字、短语和句子。但在采用这个模型充分描述电影声音则很少成功。彼得·沃伦（Peter Wollen）（1998）的著作指出，可能有另一种符号学的途径。由美国的查尔斯·桑德斯·皮尔士（Charles Sanders Peirce）提出的符号学模型，将声音的许多功能、属性和运用纳入进来，它并不适于索绪尔的语言模型。进一步的研究给了我一种自信，皮尔士的符号学模型为讨论声音及相关的概念提供了一种可能性，为分析声音及听众如何理解声音提供了实用的分析方法，同时提供了一种语言（可用于描述声音是如何使用的）。这种符号学的模型将在后文中介绍。

声音分析及声画分析

在本书着眼于从声音实践中推衍声音理论时，为了说明所使用的理论模型的灵活性，必须引入一个叫作"事实之后"（after the fact）的理论与概念。这样做的目的是展示如何将皮尔士符号学模型的概念应用于已完成的作品，解释观众如何从作品呈现的素材中获得意义。

任何要实践、学习或教授声音设计的人所面临的一个基本问题是，缺乏描述声音如何使用理论语言，以及声音设计在实践中如何工作。研究声音设计或对视听媒介中声音批评进行研究的书籍、论文和杂志日益增多，但很少有文字充分关注从业者们日复一日的工作。本书的研究就是尝试利用业界从业者们的经验来补充理论，同时通过皮尔士符号学模型的应用，识别并提供一种语言，可以让理论来指导实践。

本书展示的是符号学如何提供一种框架及语言来分析并描述声音设计的作品和实践。它可以在宏观和微观层面提供分析的方法，同时可以应用于对声音的元素及声带整体的分析。它可以用于探究观众听到了什么，以及从业者们为了效果而操控声音时做了什么。它的灵活性也可使它适于其他声音理论。皮尔士的符号学模型具有两种潜质，它既可用于声音制作实践，又可作为将声音制作推向前台的方法。利用这一方法来阐释从前被隐藏的声音制作过程，给予这种作为任何视听作品中基本的、有影响力元素的实践，不能也不应该自然而然获得的价值的认可。

本书将讨论一些案例研究，确认声音是如何与画面相结合的，实现其各种功能：创造叙事、创造沉浸感、呈现真实（或真实感）等。两部影片存在细节的讨论，对其声带从宏观和微观两个角度来进行分析，突出研究的灵活性：从《金刚》

(*King Kong*)[库珀（Cooper）和舍德萨克（Schoedsack），1933] 中具有表现性的个别声音的细节（音乐动机），到解读《老无所依》(*No Country for Old Men*)[科恩兄弟（Coen），2007] 的声画关系，以及段落意义的构成。在分析实际影片的同时，也利用了电影工作者出版的文字作为数据来支撑分析内容。其他类型的视听作品，如非故事片（新闻、纪录片、体育电视节目）和交互式媒体（即各种游戏类型）的研究，以展示可用作分析的作品类型的丰富性。

　　为本书做调研的最初动力是出于相信或怀疑，即许多声音设计从业者在他们的工作中总有一个共同支撑的基本原理尚未得到令人满意地解释。在调研过程中，我发现许多声音剪辑师、录音师、声音设计师和混录师的访谈都体现出一个问题，即通常情况下，声音工作被不经意地忽略了。因为其"不可见"，无法确定这项工作是如何实际操作的，也因为这项工作的过程相对很少被提及，甚至即使听说过这项工作，通常也不能立即明确这项工作达成的结果是什么。部分分析和讨论声音的问题缺乏合适的或一致的语汇。一种可以用于描述声音的目的与功能，以及声音实践的论述，可能某种程度上可以消除声音从业者们工作的陌生感。本书中使用的符号学模型及其语汇既可用于分析声带整体，也可用于分析具体的声音以及声画结合。它提供的方法超越了技术操作。在描述声音的功能方面，符号学作为整体框架，声音理论的其他元素也可以被结合进来，这已经显示出它足够的灵活性，为进行一般性研究提供了可能性，它既可用于作品本身，也可用于声音设计实践。

　　创作声带的任务，可被描述为在创作作品时的一系列问题，即观众应该知道、感受或思考什么。这类研究着眼于影响故事如何讲述的决策，或者说故事将如何被观众理解或体验。它将重心从声音的分类转移到声音在声带中的功能，即声带中的每个声音元素被选择及操纵来服务作品。

　　米歇尔·希翁（Michel Chion）描述的聆听模式，影响着对声带上元素的使用以及对整体声带安排的决策。以皮尔士的术语，这些声音的属性被重组为"声音符号"（sound-signs），与它们所表现的内容具有图示的（iconic）、索引的

（indexical）或象征的（symbolic）关系，它们被制作人操控，同时被观众理解。这一声带的分析模型并不是寻求推翻许多理论家和从业者们已开发的已有的、有用的声音设计模型。确实，里克·奥尔特曼（Rick Altman）、米歇尔·希翁、沃尔特·默奇（Walter Murch）还有汤姆林森·霍尔曼（Tomlinson Holman）建议的模型都可以成功地整合进皮尔士的符号学模型中。同样，在工业模型一惯地将声音分为对话、音乐和声效时，皮尔士的符号学模型可应用于每个声音的分类，可依据它们具体的功能和在声带中的作用来区分声音元素。

从某种角度来说，声带的创作是一项解决问题的操作。有些需要使用的声音，但可能为了保持叙事的流畅需要被剪辑或替换，同时要将人工痕迹隐藏起来。有些被添加进来或被调整为不被注意到的声音，它们被认为会暗示一种本不存在的感觉。声音与画面之间的关系可以产生一种叙事的演绎，无论是明确的或是暗示的。每个元素，无论是画面还是声音，只是整体的一部分，他们互相依存、互为支撑。声带依赖画面，画面依赖声带。如同从皮尔士的符号学角度来看，声音设计的实践可被明确地解释为一种创造性的工作，而非技术性的工作。

对于那些参与声音设计的人来说，不断被关注的就是对声音从业者们的感知，以及参与电影、电视或交互式媒体制作的其他部门创作人员对他们的作品的感知。声音制作太容易被贬低为一系列明显的技术操作，突出了所做的工作是技术性的而非创作性的观念。在 1938 年的《电影声音工程师》(*Motion Picture Sound Engineering*) 手册中使用了卡内基音乐厅小提琴家式的类比，他的技术性把握看似是天生的：

如果混录成功的话，观众不会注意到混录师的技巧，而只关注成功的结果。导演和制片人关注混录工作的细节，但是，可能认为混录师以及其工具非常技术化，因为无论他在思考什么（混录最重要的部分），他的手就是做着多种技术性操作，他与他助理的交流也都是机械术语。

［美国电影艺术与科学学院研究委员会（Research Council of the Academy of Motion Picture Arts and Sciences），1938, 72］

　　符号学的模型突出了意义产生的过程。当应用于声音设计实践时，它就揭示了在每个步骤中，声音都是被以创造性的操作方式，通常是使用技术的手段来达到具体目标的。这一目标经常被宽泛、笼统地描述为服务于故事的需求。以更实际的术语来说，它意味着服务于导演的需求，以便使声音整合到整体的叙事之中，适应故事的需求。

　　对于那些工作于声音设计领域的人，有一个隐含的认知，这些通常是以技术为基础的决策，是为了整体作品的利益而做出的。处理的过程从声带不同方面的目的或意向效果的问题开始。可能声音最具意义的作用就是创造无缝的幻觉，以便使一系列并不连续的视觉镜头呈现为一个连续的动作，或给一个虚构的如战斗的场景、幻想的怪物或动画的物体带来一种可信的感觉。声带可根据需要建立一种特别的情境、地理区域、历史时间段或一天中的某段时间。无论是什么需求，一旦决定了，随后的处理流程就是来回答这个问题的：如何能最好地达到这个目的？本书试图研究这一过程，来展示即使对于那些不直接参与声带制作的人来说，声音设计的实践最终也会与其相关，因为有些声音的决策是基于他们的制作结果而定的。声音并不是在创作过程完成后添加或附加的步骤，而是作品整体创作最基本且重要的方面，需要精心考虑。

　　为此书的写作，我在与业内从业者们的谈话中，明显感受到他们很关注更广泛的业内人士对声音的看法。这通常给按时、按需求完成工作增加了压力，特别是在后期制作过程中。每个人都在他们的制作中与最专业的人合作，同时也在评估着他们的合作者和同事们的工作（无论是声音方面的还是其他专业的）。相对而言，很少有人特别关注技术或工具，但每个人都热爱声音以及它在帮助叙事方面的潜力。

　　声音通常被当作呈现与其同步的画面真实感的手段。但是，从业者们都深知，通常有一种需求、也是潜力，即如果需要的话，这种真实是可构造、操控或重塑的。对于那些参与非故事片项目声音制作的人来说，一种高标准的专业化和社会道德实践是底线。对于从业者、评论家、分析家、教师和学习声音设计的学生来说，在开始讨论迟到的声音实践的社会道德中某些准则被证明是有用的。那些工作不是非故事片项目独有的领域，声音的社会道德逐渐受人关注，因为观众、甚至是专业人士在区分真实与虚构，以及许多类型声音的"魔法"时是有困难的。

正如其他任何创造性的工作一样，时间或金钱的局限是多数声音从业者不时遇到的难题。有时，对于声音更具想象力的运用的最大阻碍是那些理解并知晓声音创造性潜质手法的同行，他们在声音设计制作过程中的参与度有限，或对于声音影响整体意义产生的潜力的认知有限。导演和制片人以完成作品中声音的重要性来评价、看待声音，从它贯穿整个作品的影响来感受。同样，有些从业者享受非传统的制作手段，与那些重视声音、愿意让声音同事早期参与的导演们合作，将声音同事的主张、关注和建议纳入他们的作品之中，而不是在已经完成的结构之上再涂上一层色彩。

声音的叙事潜力受到局限是因为经常被看作附属品或是事后考虑的事、而不是被看作视听作品的基本元素。通过揭示声音作为符号的某些隐含的原理，本书为声音的叙事潜力增加了权重。通常，声音工作被熟练地完成而隐藏了自身，那意味着创造性劳动有被认为从属于其他工作的危险。对有些有机会工作于声音领域的人来说，注意力很容易放在技术与行业工具上，而非声音增加的价值上，同时也不知晓这一到达完成声带终点所经历的旅程。本书进一步呼吁，在视听作品创作中，将声音视作全面和真正的创造性合作者，其潜质在创作和制作的各个阶段都应该被最大化。对于那些幕后的、直接参与到声带成型工作的人来说，他们更加清楚声音在完成作品中的影响以及声带如何影响观众。借助符号学，我们可以揭示隐藏的基本原理和原则，它们支撑着声带本身和声音设计实践。

那些对"理论"警觉的人

许多电影人怀疑或直接批评电影理论本身或对他们作品的评论。英国导演艾伦·帕克（Alan Parker）[《午夜快车》（*Midnight Express*），《天使心》（*Angel*

Heart），《贝隆夫人》（*Evita*）] 为泰晤士电视（Thames Television）制作了一部纪录片，目的是纪念 1986 年的英国电影年。在播放了两位受尊敬的批评家德里克·马尔科姆（Derek Malcolm）和安东尼·史密斯（Anthony Smith，英国电影协会成员）的影像片段后，他评论道：

> "学院里游手好闲的人在电影业界是个新现象：口才好、固执己见，不过就是老套的自圆其说的骗局，它对于电影业的作用就像胶片上的一个划痕。"

（艾伦·帕克，1986）

某些认为只有通过拍电影才能学电影的机构和个人也持有同样的观点。

当然，历史上一些重要的电影人对理论也有很多说法。苏联的电影人 / 理论家，如维尔托夫（Vertov）、库里肖夫（Kuleshov）和爱森斯坦（Eisenstein），他们既拍电影，也投入很多时间和精力致力于电影理论和批评。[3] 显然，作为一个电影人并不排斥或避免他成为电影理论家。确实，作为电影人，具有创造理论的优势，因为他们基于真实的生活经历，但这也很容易引起争论。

除了争论电影理论家，如拉普斯利（Lapsley）和韦斯特莱克（Westlake）的智慧成就，其接下来的相关研究也形成了令人信服的案例：

> 看电影时，观众不仅被动地接受它的含义，也参与到一系列阐释行为之中，它依赖对整个背景的信任……在这种信任的基础（或理论）之上（无论这理论是否定型）观众看到人脸、电话、沙漠的景观，而不是色块；给人物以动机；判断某种行为好，其他行为坏；判断这部影片是真实的，那部不是；从悲剧结尾分辨出喜悦等。简单的观影行为因此涉及重现的理论，人性、道德、真实的属性、人们喜悦的条件等。简单来说，对于电影制作人，无论创作过程中自我意识的直觉如何，不可避免地总有一套相似的理论支撑着电影制作。对于批评家们或任何从事电影讨论的人来说，判断也涉及理论。例如，暗示行凶抢劫行为的增加，可追溯到电影中暴力行为的增加，至少存在一种意义的理论（意义是如何产生的）以及一种主观性理论（观众如何被文本影响）。

（拉普斯利和韦斯特莱克，1988，VI）

本书为解决处于两个极端的人之间的矛盾立场做了一些尝试：一个极端是电影制作者用他们的想象力、实操经验和常识工作；另一个极端认为，"理论"是避免不了的，因为事实之外都是信仰或思想。

许多有影响力的声音从业者也写了富有洞见的有关声音以及声音是如何运用的文章。除了富有经验的从业者写就的着眼于业界本身的文章之外，有许多从业者如沃尔特·默奇（Walter Murch）、兰迪·汤姆（Randy Thom）和罗伯·布里奇特（Rob Bridgett）都写过有关声音潜力和如何运用声音潜力的文章，还有那些据称以理论方式讨论声音的文章，以他们的实际操作和工作的实际范例作为支撑。

大约在 20 世纪 90 年代末到 21 世纪初，出现了许多群组和网站着眼于讨论声音制作的非技术方面的问题。[4] 近年来，许多网站致力于讨论声音设计，在一些网站上任何层次的从业者都可以讨论思想。文章从讨论技术、技巧到一些反思性的文章，涉及将其作为一种尝试创作的更宽范的艺术或基本原理方面。最近的播客，还有很多社交媒体小组和视频网站频道，让对声音感兴趣的人可以遇到志同道合的人。对声音有兴趣的学生、声音业余爱好者和专业人士可以一起讨论他们的经验、观点和选择。

本书不涉及的

本书已声明尝试沿着从业者们对其工作的看法到为何他们的工作会有成效的理论阐释之间的路径展开，当然也需要阐述一下本书不涵盖的内容。首先，它不是对声音本身的基本原理的调研，或是物理、声学方面的研讨。那些里程碑式介绍理论的关键书籍，以及对从业者们的访谈，对这个领域有着宽广且可让人理解的导引。《电影声音》（*Film Sound*）[威斯（Weiss）和贝尔顿（Belton），1985] 以及《声音理论与实践》（*Sound Theory, Sound Practice*）[奥尔特曼（Altman），1992] 一直是富有价值的手边书。创建一种新的讨论声音及其感知基本原理的作者也日益增多，特别是凯西·欧卡拉汉（Casey O'Callaghan）的《声音》（*Sounds*）

（2007），罗伯托·凯撒蒂（Roberto Casati）和杰罗姆·道奇克（Jérôme Dokic，2009）。对那些从心理声学角度看待声音的学者而言，最好的起点就是阿尔伯特·布雷格曼（Albert Bregman）的《听觉场景分析》（*Auditory Scene Analysis*，1990）。这些书都不是意图教读者使用声音软件和硬件，或者是录音、编辑和混录技术的。

本书试图提供一种分析声音和声带的框架。通过指定一个看起来特别适合此工作的符号学模型来实现。也通过它来分析实际的声音设计实践，如果我们可以自由地把声音设计这个术语的内涵扩展到最宽泛的合理范围的话，意味着对声音有意识的运用。

注释

1. "声音设计"这个术语看似普通，又很特别。它通常指一些相当不同的本书后文要讨论的实践活动，但现在它可被认为意指被设计的或有意的对声音的运用。

2. 完全从无到有创造出的声音很少见，因为多数时候，都是从已有的声音开始，用它来创造出所需要的声音。

3. 参看《电影眼（kino-eye）：吉加·维尔托夫（Dziga Vertov）的论文》[维尔托夫（Vertov）和迈克尔逊（Michelson），1984]，《电影技巧和电影表演——普多夫金（Pudovkin）的电影写作》[普多夫金（Pudovkin），1958]，《论文：谢尔盖·爱森斯坦（Sergei Eisenstein）作品选》[爱森斯坦和泰勒（Taylor），1996] 以及《库里肖夫（Kuleshov）谈电影：列夫·库里肖夫的论文》[库里肖夫（Kuleshov）和莱瓦科（Levaco），1974]。

4. Yahoo 的声音文章列表和声音设计群组，以及一些网站是如何运用声音创意来扩展观众兴趣的重要来源的。

第 2 章

声音的理论

声音的定义

声音的声学定义无外乎"通过弹性介质传播的机械振动"或"造成高与低粒子压缩运动波面的介质扭曲的一种纵向压缩波"。尽管没有办法直接捕捉或传送声音，但对于孩子来说，在海边把海螺壳放在耳边去听里面海的声音，看起来对于海的声音是一种合理的解释。我们为了操作声音，需要把它从声学领域转换为更可操作的形式，如通过换能器转换为电信号。通常这意味着一支话筒，可把变化的压力转换为相应的电流变化，然后可以传播或录制声音。再利用另一种换能装置（通常是某种扬声器）将电信号转回声学信号。因为声音设计多数情况下是为了听众，因此可以说做声音的实质就是为人类听觉服务，它的可闻音域约为10个倍频程，20赫兹~20 000赫兹（20Hz~20kHz）。

退一步说，可以把声音定义为某种只有人可以听到的东西吗？例如，狗可以听到但人听不到的是什么呢？如果把这种声音录制下来，再慢速播放，我们可以以较低的音调听到原始的、原本听不到的声音。为方便起见，可以假设涉及的声波都在人类的听觉范围内。当声音由高于我们的可闻音域时可被认为是超声波。同样，在我们可闻频率之下的可被认为是次声波。

声音更宽泛的定义，牛津英语词典将声音描述为："通过空气振动"或者说"可以被听到的东西"。多数（虽不是所有）声音设计师，都多少有些声音相关的基本物理知识，某些学过物理、电力工程、电子或其他相关学科知识的人对声音有更深刻的科学理解。从感知角度来说，对声音的不同定义与这些振动如何被听到的感知相关。在英语中，我们无法以不同的词来区分媒介中作为振动的物理感觉的声音和感知到的声音。显然，两者有无法分割的联系，但任何用过话筒和录音装置的人都会证实，在特定环境下我们作为人类的听觉感知，与由话筒客观拾取的内容之间有着相当程度的差异。

声音理论

无论关注其物理、数学和音乐的特性，还是感知它的器官、言语和语言的元素，相比较于我们其他的感觉，声音一直是人类探究的主题之一。毕达哥拉斯（Pythagoras，公元前 570—495）受到声音的启发，据说，当他经过一间铁匠铺时，发现当几个铁匠的锤子同时敲打时会产悦耳和不悦耳（和谐和不和谐）的声音 [卡里昂（Caleon）和萨布曼尼姆（Subramaniam），2007，173-174]。通过进一步观察，他断定产生和谐声音的锤子的重量和其他锤子的重量之间有一定的比例关系（2∶1、3∶2、4∶3 等）。这引导他创造了一个简单的弦乐器来进行实验，通过实验，他发现两根长度比为 2∶1 的弦产生相同的音，相差 1 个倍频程。其他简单的比值也能产生和谐的声音。1∶2 和 2∶1 给出倍频程差异，2∶3 和 3∶2 给出 1/5 差，3∶4 和 4∶3 给出 1/4 差。毕达哥拉斯认识到，这种比值为整数值时，利用从 1~4 的数值已足够产生所有的音符来构成音阶。这自然数中最初的 4 个整数，对于毕达哥拉斯来说在其他方面也很特别，因为他们加起来等于 10（完美数字，指最高级的整体），而且还可以三角来展示十中之四（the Tetractys of the Decade）。[1]

毕达哥拉斯在音乐和声音理论领域都有深远影响，他是第一个围绕声音和音乐描述许多基本关系的人。毕达哥拉斯了解两根弦长度、张力与它们被弹奏出的声音之间的数学关系。长度之间的简单比为 1∶1、2∶1、3∶2、4∶3 时，产生的声音是和谐的。当比例不是简单分数时，产生的声音就是不和谐的。[2]

柏拉图（Plato，公元前 428—348）也对声音和聆听过程之间的关系，以及在声学感知中身体与灵魂之间的关系感兴趣。在柏拉图的感知理论中，声音与感知过程是有差异的。换句话说，声音以其自身的品质存在而不一定必须被听到，它可以被解释为当下哲学问题的早期版本："如果森林里一棵树倒下时没有任何人听到，它弄出声音了吗？"这一描述关注的是人类听音官能，包含一种启示性的、既是洞悉又是错误常识的混合体：

在思考第三类感知听觉时，必须提及其起源。我们可能一般假设声音是一阵吹过耳边的风，它借由空气、大脑和血液传导到感官，同时听觉是这阵风的振动，它开始于头脑，终止于肝部区域。快速运动的声音是锐利的，慢速运动的声音是深沉的，那些均匀的是相等和平滑的，反之则是粗粝的。体量大的声音音量大，体量小的反之。此后，我得说要顾及声音的和谐。

[提迈乌斯（Timaeus，公元前360），柏拉图，2013]

柏拉图的许多分析元素具有启发性的同时，也不时地存在显而易见的错误，例如相信感知的声音音高取决于其传播的速度。和柏拉图一样，亚里士多德（Aristotle）也对声音的感知感兴趣。特别是在他论文集的第二卷《灵魂论》（De Anima）中，他为声音更彻底的分析打下了基础：

实际上，声音需要一个事件（Ⅰ，Ⅱ）、两个实体（Ⅲ）和他们之间的空间；因为声音产生于碰撞。因此，只有一个实体不可能产生声音——必须有一个实体碰撞另一个实体；因此，声音是通过实体碰撞其他的东西而产生的，同时如果没有从一地到另一地的运动，也是不可能产生声音的。

[亚里士多德（公元前350），Ⅱ.8]

亚里士多德也提供了对回声的一致的解释：

大量空气集中在一起、反弹回来，同时避免被阻止其的房间墙壁分散，空气最初受到撞击实体的碰撞，如球一般由墙壁的反弹激发了运动，这时就出现了回声。可能在所有有声音的场合都会出现回声，虽然通常只会被模糊地听到。这里出现的情况与出现在光中的情况相似；光总是被反射，否则它就不会发散开来，没有直接被太阳照射的地方将是纯粹的黑暗；但被反射的光不会总是那么强烈，比如像水面、青铜或其他光亮的表面反射的光会投射阴影，这就是我们得以认识光的独特标志。

空间对于产生听觉是至关重要的——这一说法是正确的，人们认为"真空"即空气，当空气作为一种连续性的物质被激发运动时，就是它引发了聆听；但由于其稀疏的状态，它并不发出声音，撞击不平滑的物体表面时它就散射开来。当它撞击的表面相当平滑时，最初的撞击就产生了与运动相一致的一团空气。

[亚里士多德（公元前 350），Ⅱ.8]

亚里士多德正确描述了声音的基本方面：首先，声音需要物体运动或振动。其次，回声出现在有声音被另一物体反射时，即使它难以被听到也是如此。

亚里士多德也注意到了声音与语言的关系，描述了语言的元素，如元音（那些没有舌头和嘴唇影响也能发出的声音），半元音（有舌头和嘴唇的影响发出的声音，如 s 和 r）和哑音（那些有舌头和嘴唇影响但自己不发声，配合着元音发出声音，如 g 和 d）：

这些可按照嘴唇的形状和发音位置来区分；或按照冲气或平滑、长或短；尖厉或沉重，或一种中间调来区分。这些韵律的细节属诗人探究的内容。

[亚里士多德（公元前 350），part XX]

他也区分了那些可以发出声音和不能发出声音的东西（亚里士多德，公元前 350，Ⅱ.8）；即物体被撞击时会发出声音。亚里士多德所举的前者的例子是青铜和其他平滑坚实的物体，后者如海绵或羊毛。他也得出了听者与发声物体之间的空气必须是连续的才能保证聆听的正确结论，以及当位于耳朵之外的空气运动时，耳朵内的空气也被扰动的结论[约翰斯通（Johnstone），2013，632]。这里的"运动"是指振动的过程。发声的物体和听者之间的空气不必从一地移动到另一地。

公元前 1 世纪罗马建筑师马尔库斯·维特鲁威乌斯·波利奥（Marcus Vitruvius Pollio）有了重要发现，声音的运动是一种波。

人声如同空气瞬间的流动，当被听觉器官感知接收到时它才被听到。它是无数向前运动的循环波动；就像我们向平静的水面投入一粒石子，无数圆形的波动从中心向外尽可能地展开。同时，在没有空间的限制或出现障碍阻止它们向波的方向到达更远的地方时，它们将一直扩展下去。在有障碍物阻止时，前面的波向后流动，干扰着后面波的方向。同样，人声也以相似的方式以圆形波向外扩展。但水中的波只是水平地向外运动，即水平运动，同时也垂直地向上传播。因此，就像水平波动方向的情况一样，当声波没有遇到障碍时，前面的波不会干扰后面的波，所有的波从头到尾依次达到耳朵，没有回声。

[维特鲁威乌斯和格兰杰（Granger），1931，章节Ⅲ，5-8]

他对剧院的声学特性也特别感兴趣：

因为我们得选择一个场地，在里面人声可以平顺地传播，可以清晰明确地发出，没有回声干扰地到达耳朵。因为有些地方会自然阻碍人声的传播：刺耳（dissonant），希腊人称作 katechountes；声音混浊不清（circumsonant）叫作 perichountes；共鸣（resonant）叫作 antechountes；协和（consonant）叫作 synchountes。声音刺耳的原因是当声音向上碰到坚实的物体被反弹回来，传回来的声音淹没了后面发出的声音。声音混浊不清，就是声音来回运动，在中间集中又消散。话语的结尾消失了，声音在含混不清地发出的话语中被吞没了。共鸣就是那些字词的声音撞击坚实的物体，产生了回声，使得字词的结尾在耳朵中产生双声。协和也是那些由地面上升的声音，更饱满，达到耳朵时有着清晰而富有意味的声音。

（维特鲁威乌斯和格兰杰，1931，书Ⅴ，章节Ⅷ，1-2）

维尔纽斯（Vilnius）描述的波动看起来是横向（如池塘水面的波动）而不是纵向的（实际上声波传播的形态），这一声音传播的模型存活了几个世纪。然而，维特鲁威乌斯的确描述了某些重要的声学特性，它们影响到了声音的清晰度；干涉（刺耳）和反射（回声）。

乔万尼·巴蒂斯塔·贝内戴蒂（Giambattista Benedetti，1530—1590）是第一个推测乐音的人，如那些乐器的弦振动，以一系列脉动穿过空气；它们听起来或高或低（音高）是出现的振动的频率的直接结果[海尔姆（Helm），2013，147-148]。然后，这进一步产生了其他哪些因素影响音高的问题——弦的张力、长度等。贝内戴蒂的另一同胞，伽利略·伽利雷（Galileo Galilei，1564-1642）也对声音感兴趣。[3] 他是最早描述声音物理属性的人之一，特别是与光相比较："日常的经验显示出光的传播是即时的，光到达我们的眼睛没有延时；但声音到达我们的耳朵有着可感觉到的间隔"（伽利雷，1939，42）。伽利略同意贝内戴蒂有关弦振动的频率与其长度和张力都相关的这一认知，同时给出了更普遍的原理，弦长度的比值与振动的频率成反比（伽利略，1914，103）。

在伽利略缺乏对弦振动频率的测量手段时，马林·梅森（Marin Mersenne，1588—1648）从实验角度可以证实伽利略的假设。重要的是，梅森能够基于它们的尺寸预知管风琴音符的频率，也可以测量弦振动的频率。梅森做实验并与他的同事们交流，包括伽利略和笛卡儿（Descartes），在 1636 年他出版了他的重要著作《谐和书》（*Harnomicorum Liber*），早于伽利略的著作，尽管伽利略的发现要早于梅森的出版物。

勒内·笛卡儿（Rene Descartes，1596—1650）也以产生声音的物体的方式描述了声音，但在《论灵魂的激情》（*Passions of the Soul*）中，他认为人们实际听到的并不是物体本身，而是某些"来自它们的运动"[笛卡儿和沃斯（Voss）1989，1649，XXⅢ]。笛卡儿据此以人们对它们的感知，将物体区分为可见或是可闻的：

因此，当我们看见火炬的光同时听到钟的声音时，这一声音和这个光的传播是两种不同的行为，基于它们激发了某些我们神经中两种不同运动的事实，同时通过大脑中的这些渠道，将两种不同的感受传递给身体，我们将这种感觉与我们认为其来源的主体，以一种我们认为我们看到了火炬、听到了钟声的方式关联起来，不仅仅感受到来自它们的运动。

[笛卡儿，霍尔丹（Haldane）和罗丝（Ross），1997，369]

有关听觉的属性，笛卡儿继续描述耳朵不同部分的功能：

在耳朵里有两种神经，连接在 3 块相支撑的小骨头上，第一块连在覆盖耳室的薄膜上，周围空气中各种各样的振动传导到这个薄膜，经过这些神经传递给大脑。这些振动依照声音的多样性，引起我们对不同声音的感知。

[笛卡儿，林赛（Lindsay）和维奇（Veitch），1912，218]

艾萨克·牛顿（Isaac Newton，1643-1727）的《自然哲学数学原理》（*Principia Mathenatica*）来自伽利略的想法，同时更进一步，第一次清晰地描述了声音的物理表现：

上次的推论依照光和声音的运动；因为光以光线传播，当然它不能只存在于运动中（Prop.XLⅠ和XLⅡ）。至于声音，因为产生自振动的物体，它们不可能是除它们身在其中传播的空气的脉动之外的其他东西（Prop.XLⅢ）；同时，这由声音的振动所证实，如果它们音量很大而且沉重，靠近它们时会使我们的身体振动，就像我们感受鼓的声音一样；快速而短促的声音不太会振动我们。但常识告诉我们，响亮的发声体靠近具有相近频率的弦时，将激起这些弦的振动。

[牛顿，卡约里（Cajori）和莫特（Motte），1962，368]

牛顿也证明了声音的传速速度是1142ft/s，约为348m/s，这是在统一标准长度单位之前所作的证明。

在牛顿研究其数学和物理特性时，另一个同时代人的关注点是将声音作为我们的感知对象。虽然，约翰·洛克（John Locke，1632—1704）更多地作为哲学家被世人知晓，但他自己也是一名优秀的物理学家，曾与他同时代许多杰出的科学家合作过，包括化学家罗伯特·波义耳（Robert Boyle），并与理查德·罗尔（Richard Lower）在实验生理学方面共同工作[罗杰斯（Rogers），1978，223-224]。在《人类理解论》（*An Essay Concerning Human Understanding*）中，约翰·洛克重提一种经典的在描述所有人类感知时一致的概念，认识到它们与我们的环境完美适应：

如果我们的听觉感知比目前灵敏1000倍，那么无休止的噪声将会如何分散我们的注意力呢？那样的话，我们在最安静的隐居地比处于喧嚣海战之中更无法入睡和冥想。

[洛克和弗雷泽（Fraser），1959，302-303]

这在达尔文（Darwin）物竞天择理论诞生很久之前出现，因为很明显我们的感觉器官能与围绕我们的世界相适应，洛克将他们归因于"全能智慧结构"（the all-wise Achitect）。洛克的理论部分地驳斥了笛卡儿提出的观念信条。洛克提出我们的观念不是天生固有的，它或来自感觉（Sensation）或来自反射（Reflection）。我们的感觉为我们提供"感觉的对象"，但我们的观念也可能源自

"我们大脑操作"的反射（洛克，1690，卷Ⅱ，章节 1，1-5）。

那些对声音的调研，直到现在一直意图以囊括所有普遍感知的意义来研究它。大约在欧洲启蒙运动时代（17—18 世纪），这种对声音的整体调研开始分化为更独特的研究领域，与对声音本身属性的科学研究同时兴起，但现在已经分离开。有些人将他们的研究着眼于人类如何感受声音，作为哲学的整体或作为人类感知的对象。

声音的科学研究

在 17 世纪有人已经注意到延展的弦会部分振动，中间有一些节点，而且这些振动的频率与基频成简单倍数，这些人包括英格兰的沃利斯（Wallis）、法国的索弗尔（Sauveur）。丹尼尔·伯努利（Daniel Bernoulli）后来展示了这些频率可以被同时产生，即振动的结果是各个谐频的代数和的结果。

法国数学家约瑟夫·傅里叶（Joseph Fourier）在 1807 年的自传中，以及《热的解析理论》（*The Analytical Theory of Heat*，1822）中提出了这一概念。[4] 他的概念宣称，任何周期函数都可以用一系列正弦波来表达。

热运动方程，就像表达那些发声物体的振动或液体的基本波动一样，属于最近发现的分析分支，同样定理的热运动方程已为我们所知，可直接应用于一些基本的分析和动态问题，这一解决方案一直是被期待的。

（傅里叶，1878，6-7）

傅里叶的主张起初遇到一些阻力，这些反对来自包括拉普拉斯（Laplace）和拉格朗日（Lagrange）在内的数学家们［欧康纳（O'Connor）和罗博森（Robertson），1997］。傅里叶的研究最终被证明是正确的，同时他的定理成为数字音频及其他数学和科学领域应用的重要基本定理。

其他与声音和听觉相关的发现都是随着傅里叶对复杂波的发现而来的。德国的乔治·西蒙·欧姆（Georg Simon Ohm）首先建议，耳朵对于频谱的组成部分敏感，同时以他自己的名字命名了一个不太为人所知的听觉定律

（1843），他认为乐音是由耳朵作为一系列连续的纯和谐音感知的。[5] 傅里叶演示了时间连续的信号，如声音可以用纯正弦波的算术系列来描述。哈里·奈奎斯特（Harry Nyquist，1928）以理论方式说明，后来由克劳德·香农（Claude Shannon，1948）证明，用奈奎斯特－香农（Nyquist-Shannon）采样定理，任何频宽有限的信号都可以用一列系列等距的快照或样本来表达。[6] 所使用样本的采集率需要为重放最高频率的两倍。实际上，对于人类听觉来说，大约的范围通常是20Hz~20kHz，这意味着对于任何可闻的信号进行采样和完整地再现重放，40kHz的采样频率就足够了。实践中，在重现有限带宽的信号时，有些限制更应该受到关注，以便带宽之外（超声）的部分信号在采样前被除去，不出现混叠现象（aliasing），但奈奎斯特和香农的想法已被证明不仅是正确的，而且影响深远。

本杰明·皮尔士（Benjamin Peirce，1809—1880）编写了《有关声音的初级论文》（*An Elementary Treatise on Sound*），他的目的是更新"由约翰·赫舍尔（John Herschel）为《大都会百科全书》写就的、以教学为目的而改编的"版本（皮尔士，1836，Ⅲ）。[7] 其中，皮尔士对从古到今写就的有关声音的不同论文进行分类——从亚里士多德的一般性论文，经过富于科学成果的18世纪，到迈克尔·法拉第（Michael Farady）和威廉·爱德华·韦伯（Wilhelm Eduard Weber）的科学发现。

本杰明·皮尔士对声音相关论文的分类是到其著作出版为止，对整体声音科学的全面回顾。也是对声音理论及其传播历史发展的总体梳理，其中也有可观的有关声音的其他领域的子部分，例如乐音，还有更进一步的乐器子分部，可分类为键盘乐器、弓弦乐器、气吹乐器、风箱吹奏乐器等。论文包括人声、发声器官、发声等内容，还有一些具有启发性的人声模仿的部分，吹号和腹语。

人声部分的开始：

在所有动物中，无一例外（除非蚂蚱或蟋蟀等）的声音都是由气动的机构（wind instrument）发出的，嘴、喉咙和气管前端中的气柱被激发振动，从肺发出的一股气流经过喉咙中气阀形的膜状缝隙冲出。

在描述声音产生的物理、生理方式之前，他继续论述更一般性的情境：

几乎所有动物都用嗓子发声或嚎叫，但其自身是独特的；人与鸟的嗓音是最完美、最具变化性的，但人与鸟的这一天赐器官的差异非常大。在四足动物中，只有极少数难听的尖叫、吼叫，其他叫声几乎都有乐音的特质，而许多鸟类的叫声都有着音符一般的形式，饱满有力，甚至是明确的语言。唯独人类的声音具有极强的模仿其他声音的能力，与乐音十分相像，甜美、精致，其他乐器很难模仿。

（皮尔士，1836，202）

本杰明·皮尔士扩展了声音数学方面的理论，将声音形象地比作风吹过玉米地的波浪，指明其是一种横向的波动。

声波在推进的过程中向其行进方向压迫每个玉米棒，它一压就放开了，玉米棒不是简单地由于弹性返回其原来的位置，而是由此获得了动量，克服了压力，尽可能向另一端弯曲或几乎同样地向另一端弯曲；这样前后往复等时地振动，但是连续往复的幅度越来越小，直到由于空气的阻力减小到静止。每个玉米棒都是如此往复运动；当风连续吹过它们时，它们都同样地弯曲，所有的运动都是同样的。但有一点它们是不同的，它们的振动不是同时开始，而是先后开始的。

（皮尔士，1836，19）

如此的类比，相对于池溏水的横向波动，相当诗意地描述了更精确的声音的横向波动，池溏的类比已有几个世纪了，虽然亚利士多德已暗示空气中声波的横向属性是"由收缩或扩展或压缩……激发的运动"（卡里昂和萨布曼尼姆，2007，174）。许多声学和声音技术相关的进一步发展是 19 世纪和 20 世纪的事了，但许多围绕着声音与声音感知的基本思想与理论，首先是由古希腊和古罗马人提出的，不过这一说法一直以来也存在争议。

听觉感知

我们对声音感知或声学属性的研究已逐步变得更精确和可量化。我们可以更精确地测量声音在任何介质中的传播速度。我们可以自信地预测在复杂环境下声音的行为，无论是减弱屋外节日的噪声还是预测新观众厅的自然混响。我们对心理声学和听觉心理学中的声音感知的理解也已经明显提高了，即便这里的知识不绝对，因为它们都是感知实验的结果。有些关于听觉的古老观念已得到证实，而其他的已成为发现过程中的历史记录，都涉及试验与错误，假设和新假设。

阿尔伯特·布雷格曼（Albert Bregman）的《听觉场景分析》（*Auditory Scene Analysis*，布雷格曼，1990）在听觉感知领域仍然是一部杰作。重要的是该书指出了听觉感知不仅涉及对耳朵的研究，还涉及对听觉系统的研究。听觉领域两个基本又相关的问题是首先要理解的，第一是这个系统做什么，第二是它如何工作。布雷格曼的工作也一直在寻找相关问题的答案：感知的目的是什么？听觉能力有多少是天生，多少是后天习得的？理智的注意力对听觉感知有什么影响？有些听觉感知实用性研究包含改进人工语言认知、智慧听力辅助和听觉显示等方面。

布雷格曼的实验室是利用一个假设的整体框架来做的，即各种各样的听觉现象实际上都是一个更大的被称为"听觉场景分析"（Auditory Scene Analysis）的一部分。按照布雷格曼的认知，感知的主要目的就是提供一种手段，通过它我们建构对真实声音的再现。（布雷格曼，2008）

感知器官的一般原理

感知器官的一个基本原理就是人们听到的声音不是个别的声音元素而是声音流。当我们听小提琴、交响乐或其他人的说话声时，我们听到的不是个别的和声、打击乐声、哼哼声或呼吸声。而是听到一段声音"流"。它一直被比拟为当光触及眼睛的视网膜时的视觉解析——形状或图形。尽管格式塔（Gestalt）心理学家，如考夫卡（Koffka，1935）主要讨论视觉，当他们开拓感知器官的因素及原理时，其实许多原理或定理都可以用于声音。完形（Pragnanz）是最重要的定理，指出"每种图形，都是被以尽可能简化结果的方式来认知的"[戈尔茨坦（Goldstein），2010，105]。相近（Proximity）、相似（Similarity）、连续（Continuity）、闭合（Closure）和连接（Connectedness）定理，看起来也非常适合我们听觉官能实际作用时的体验。

在听觉类比中有一些原理，类似于为人熟知的有关视觉感知的原理，即定位（Location）、音色与音调的相似（Similarity of Timbre and Pitch）、时间相近（Proximity in Time）、听觉连续（Auditory Continuity）以及经验（Experience）（戈尔茨坦，2010，300-303）：

定位——声音从一特定的声源传到一个位置或它传播的地方。同样，如果两个相同的声音流被混合在一起，就很难将它们分开。所谓"鸡尾酒会效应"说明的就是这种现象，听觉注意力可被有选择地集中于一个声音流上，同时排除其他的声音流。通常以我们用双耳聆听可以定位声音方向的能力来解释这种效果。[8]

音色和音调的相似——如果它们具有相似的特点，声音元素将被组合到一起。例如，一组人说话或唱着相同的字词或发出同样的声音就会被组合到一起。合声中的音符，虽然音调不同，但具有相似的时间或音调特性，因此被组合到一起形成合声，而不是以单个音符的形式存在。

时间相近——这也可以由声音流的分隔来演示，快速连续出现的声音，就很可能是由相同声源产生的或声音元素被组合到一起而产生的。这种效果，与音色和音调的相似一样，可以通过听觉流分隔来演示，其中不同的高、低音音符被连续演奏。音符被交替慢速地以相似的音色和音调占主导地位，他们就会被感知为高—低—高—低的顺序。当音符交替加快时，他们就会被感知为两个不同的组合，一个高音组和一个低音组。

听觉连续——在自然界中，物体的物理属性就是它们会维持原样，即使它们暂时部分不可见。当一个小声的声源暂时被一个更大音量的声源掩蔽时，一旦掩蔽声源消失，如果小声的声源仍在那里，我们就会认为它从头到尾一直在那里。这是电影中声音的日常应用，音乐段落的使用必须与银幕上的某些情节相配。例如，一段 30 秒的音乐前后有两点要对上，不巧的是，在画面剪辑完成之后，银幕上两个时刻的间隔成了 25 秒：必须要剪掉 5 秒的音乐。这时可以用一个掩蔽的声效来覆盖剪辑点。例如一辆汽车驶过的声音、飞机飞过的声音，老式照相机的闪光灯声，或其它的大音量声效可以掩蔽这个剪辑点。当音乐再出现时，就感觉不到它的断续了，虽然已经剪掉了一段。

经验——一旦形成一种节奏型，或是被认知，起初不熟悉的序列就会被识别，这被称为旋律图式（Melody Schema）：如果我们本不知道一个旋律的存在，那我们就不会去关注它，但一旦我们意识到了它的存在，我们就知道了它，把它作为旋律存储在我们的记忆中。

对于语言学家来说，最小的语言单位经常被拆分为音节，他们可依次在更小的单位中得以分析——语言的声音或音位。26个字母形成大约40个英语音位。布赖恩·穆尔（Brain Moore）也将我们的注意力引向对声音感知的研究上，声音剪辑师、声音设计师和混录师对这些研究有极大的兴趣，例如我们的耳脑结合，对区分、对比声音或理解语言元素的方式来说：

要弄清音位的属性，可思考下面的范例。"Bit"被论证为包含三个音位：初始、中间和结束音位。通过每次仅仅改变这些单位中的一个，就会形成三个新词："pit""bet"和"bid"。因此，对于语言学家或语音学家来说，音位就是任何语言中一个词区别于另一词的最小声音单元。音位自身没有含义或并不象征什么物体（某些单独都无法发声），但与其他音位相关时，它们就可以将一个词区别于另一个，这更多的是从感知内容的角度来说，而不是从声学方式的角度。因此，它们是抽象、主观的整体，更像音调。

（穆尔，1989，300）

多数声音从业者都熟知我们的听觉系统适于一种对变化的分析。我在教授声音设计课之时，经常会使用有空调或是有某种噪声的房间，一段时间之后我们才会意识到那是空调的声音。学生们总是在一种声音连续响了10分钟之后才会第一次注意到它们。然后，我预言在我们转换话题之后，他们几分钟之内就不会再注意到空调的声音，当再次提及空调的声音时，有些人会很吃惊。不出所料，他们毫无意识地习惯了它。我们的注意力可以被集中于那些持续的事情上，但在它没有什么变化时，我们的注意力就很容易游离到其他事情上。我们更善于感知变化："在一种刺激之中，对变化的感知结果可以粗略地描述为，先前的刺激被从当前的刺激中删除了，所以留下的是变化。变化之处在剩余中凸现出来"（穆尔，1989，191）。

迈克尔·福里斯特（Michael Forrester）建议，听觉感知主导的心理声学观点不可能反映全部内容，提出"当听到一个声音时，通常我们的想象在认识它是什么中起着重要的作用"（弗莱斯特，2007）。将听觉（hearing）与聆听（listening）区分开是有价值的。听觉感知有时更关心听觉（hearing），着眼于某些声音刺激的细节。在日常的聆听（listening）中，我们倾向于把源自周围环境中的意义赋予声音。当我们和朋友或家人说话时，我们可能不会注意到每个人形成话语的声音，因为它们太自然了，我们始终知道谁在说话，而注意力都集中在言语的内容上，也许还会集中在人声中其他进一步解释含义的声音上。我们先前的认识可能在决定我们听到了什么中起部分作用，而如何理解它则超出了实验范围，因为不可能解释听音人听到的或正在思考的所有东西。由此说来，听觉感知仍停留在由关注聆听机制所造成的距离之外，而非跟随声音刺激产生的思想。

越来越多的证据证明听觉大脑皮层是由经验以某种方式塑造的。训练自己听某个特别的频段、乐器或使用了混响的声音，有助于培养将它们从其他声音中辨别出来的能力，因为大脑的听觉区域可由训练来塑造。某些关于声音感知最有趣和意义深远的研究涉及婴儿的聆听。一项 1980 年的研究显示，3 天大的婴儿就可以辨认其母亲的声音 [迪卡斯帕尔（DeCasper）和菲弗（Fifer），1980]。对于新生儿来说，偏爱母亲的声音具有一种生物和进化的迫切性，它强化了母婴间的纽带。因为新生儿的听觉能力已足够灵敏到认识声音的节奏、语调、频率变化，以及潜在的言语音节的组成部分（迪卡斯帕尔和菲弗，1980，1176）。

感知领域基本上分为直接感知（direct perception）和间接感知（indirect perception）[迈克尔斯（Michaels）和卡雷洛（Carello），1981] 两个阵营已有相当长的时间，各自都有支持者。这里，所采用的科学模型依赖于其基本的哲学模型。两者都相信，我们的感觉给予我们所在环境的直接信息，或我们的感觉向我们对世界的固有理解中添加信息，或者用于建构真实的表征。我们的选择是，我们对世界的知识是"推断、记忆或表象的独立表达"或是"感知内容包含对输入不充分的刺激进行的润色和加工"（迈克尔斯和卡雷洛，1981，1-2）。

感知的问题意义深远，同时也是学习系统的神经网络最基础、最重要的方面，例如自主表达、特征识别或医疗诊断。在其最基础的方面，神经网络不是从输入直接感知真实。相反，它从足够的、大量输入的样品中创造一种认知能力，以便创造一个模型，从中它可以创造新迭代。这些可以包括自然语言的识别与合成，为黑白照片着色或形成纯文字描述的图片："看起来所能做的没有任何限制，除了人们的想象（以及训练的数据集）"[范吕伦（VanRullen），2017]。神经网络接收数据，如我们在体验中接受感觉的信息。我们得承认，如同神经网络一样，人类的感知是间接的，同时我们对真实的理解是数个表征（representations）的结果，是基于已有框架的。之后，我们也必须承认，这些表征或人类世界的模型是精神的架构而非复制品。

如果我们把声音的物理属性放在一边，更关注其声学方面，就此我们可以探讨有关声音和我们如何感知声音的一些内容。思想家们如柏拉图（Plato）和亚里士多德（Aristotle）努力且带着好奇探讨声音，有时声音是"数学的""音乐的"、美丽的或危险的。声音与其感官兄弟——视觉之间有着重要的差异。

第一，声音只以"流"的形式存在。只要听到了声音，则证明必定发生过或正在发生什么。光和颜色存在则必有光源——可看见一张桌子，但它不会出声。所以，从某种角度来说，声音告诉你正在发生着什么——风吹过树叶的声音、鸟叫声、远处的声音、脚步声、交通声、谈话声、机器声、音乐等。

第二，声音是三维的，同时也以三维方式被感知。我们的听觉机制可以让我们区分左右、前后，上下。我们的眼睛则相反，在任何时刻，世界上只有很小一部分对其开放，每只眼睛看到的与另一只如此相似，周围的区域都因景深而模糊了。

第三，声音从源头以球面波的形式传播，与光速相比传播速度较慢。这可以让我们集中注意力于首先到达的直达声音，然后是通过反射声来定位（声源的方向，声源的位置）。对这些声学反射的感知形成回声和混响，它反映出环境的声学特征。只要涉及对声音的感知，就耳/脑系统精确处理过程的决定性属性来说，仍需要研究[格莱德（Glyde）等人，2013]。听觉感知研究，就其属性和我们感知的进化而言，可能逐渐指向更加有趣的哲学化讨论。

视觉感知与听觉感知之间另一基本的差异就是物体的概念。这一概念有日常生活体验的基础，对于大多数声音设计师来说，这些物体都是熟悉的：我们看到的是视觉对象（objects），但我们听到的是声音的事件（events）。声音可能确实来自物体，但声音基本上是由某些实际正在发生（happening）的事引起的。[9]声音可能源自一个物体，同时与某个物体的位置有物理联系（如一个人、一件武器或车辆），声音自身被激发时，一个事件（event）就出现了。

对感知的研究最初集中于色彩，也许因为在其他许多领域中，视觉看似比听觉以及假设的其他感知在信息采集上更有优势[卡萨蒂（Casati）和道克蒂（Dokic），2014]。这里值得提醒我们的是我们的视觉、听觉和味觉之间的基本差异。对于色彩或味觉的分析家来说，有些基本的特质（quality）是感知元素性质的，从它们再产生第二级特性。对于色彩来说，首要的特质可能是基色调：红、绿、蓝，用它们形成其他色彩。对于味觉来说，这可能是味道的 4 个基本组成部分：甜度、酸度、咸度和苦度[拜恩（Byrne）和希尔伯特（Hilbert），2008，385-386]。这些"感觉特质"（sensible qualities）是些基本属性："感觉特质是一种可感觉的属性，一种物理的物体（或件事）可被感知看似具有的属性"[拜恩和希尔伯特，2008，385]。但是，如果我们把两种颜色混合起来，我们就不再看到两种独立的颜色。如果我混合两种声音，如钢琴上的两个音符，我们仍然可以听到两个声音。也很难想象，如此这般的基本声音元素，其他所有声音都可以由此衍生。

当然，这里有与色彩和味觉两种感知模型对应的生理学模型，我们的眼睛就有与 3 种基本色彩相对应的感受装置（除了对色彩，其他还有对强度的感应接受装置），同样，嘴（特别是舌头），就有 4 种主要味觉的接受装置。另一方面，我们的耳朵有大量的细小绒毛细胞，沿耳蜗排列，他们对不同特定的频段作出响应。耳蜗宽的一边的绒毛细胞对很高的频率响应，耳蜗窄的一边的细胞对低端的频率响应。一旦激发了这些与神经相连的绒毛细胞，发射的脉冲就会通过听觉神经传到大脑。这些脉冲随后被理解为声音 [戈尔茨坦（Goldstein），2010，259-276]。

声音的哲学

下面的思想实验，发表在《科学美国人》（*Scientific American*）1884 年 4 月号的注释和问答部分中。

（18）S.A.H. 问：如果在一个无人居住的小岛上一棵树要倒下了，会发出什么声音吗？声音是一种振动，通过耳朵的机制传输到我们的感知，同时在我们的神经中心被认知为声音。树的倒下或任何其他骚动都会产生空气的振动。如果没有耳朵去倾听的话，就没有声音。对于四周的物体来说，振动传播的结果是一样的，由具有或不具有认知它们的感觉条件的存在来决定。因此，会有振动，但对于不具有听觉能力的东西来说，则没有声音。

[《科学美国人》（*Scientific American*），1884，218]

当然，这取决于你对声音的定义，答案既可为"是"，也可为"否"。如果你想象着声音是一种由运动产生的物理的、可测量的东西，那么答案为"是"，树倒在地上当然会发出声音。[10] 如果对声音的定义取决于人（也可能是动物）的感知，那么没人及没有动物听见它时，树倒在地上就没有声音。对于声音，特别是声音感知的研究学者来说，在这个简单问题之上还有几个基本问题。首先，把声音感知看作是物体，还是把它作为声音流，两者之间是有区别的。

对于那些如罗伯特·潘索（Robert Pansau）的声音研究者来说，描述我们感知的日常语言是首要的问题，需要说明：

我们对声音的标准的认识是不连续的。一方面，我们支持声音是一种特质的概念，它不是发出声音的物体，而是包围着它的媒介。这是我们的日常语言、现代科学和长期哲学传统的推测。另一方面，我们假设声音是听觉的对象。这也是日常语言、现代科学和长期哲学传统的推测。但是，这两种推测不能都正确——除非我们希望承认听觉是虚幻的，即我们并没有看到发出声音的物体。

（潘索，1999，309）

潘索论证道，声音实际上是物体的属性，而不是媒介，但由于我们可以使用的语言的缺乏，造成了哲学语言中讨论声音的困难性。

如果我们将听觉与视觉作比较，色彩被认为是特质，而声音则是独有的和特别的："声音……具有特点、个性和持续性，需要我们将它们从我们应该了解的产生或发出声音的声源属性中区分出来"[欧·卡拉汉（O'Callaghan），2009，22]。对于欧·卡拉汉而言，我们几乎总在经历把声音作为"什么东西的声音"的问题，同时，把其"属性归结为我们认为是声源的一般物体上"（欧·卡拉汉，2009，19）。这无疑是通常的情况。但是，当我们思考风的声音时，我们意指的声音则取决于风在哪儿，以及什么东西在动。树中的风声被作为树叶的沙沙声；隧道中的风声就是在大型开放的管道中声音共鸣的急流；我们在急驶的轿车中把车窗摇低时听到的风声又是另外一种声音了，排箫或风铃也同样。这里声音更多地被作为正在发生的事件而不是物体本身而受到关注。

在卡萨蒂和道克蒂对声音的哲学评价中，他们论证道，跨越不同理论观点来思考声音的空间元素通常更有帮助：

如果我听到的声音有空间位置，它们可能会被认为是声源所在的位置（末端理论，Distal Theories），或者是听者所处的位置（邻近理论，Proximal Theories），或介于两者中间（中间理论，Medial Theories）。在邻近理论中，声音是听者体验的感受，或身体刺激——既使我们听到了声音来自一个独特的声源或方向，然而无论听者在哪里，声音都会被听到。在中间理论中，突出的是媒介（例如空气）本身的运动，发声物和听者都沉浸其中。也有物理／声学波运动解释的立足之地，如亚里士多德的声音观念。在末端属性中，声音被认为是存在于发声物之中（或在其表面）的媒介里的过程或事件，或者存在于发声的物质之中。

（卡萨蒂和道克蒂，2014）[11]

起初看来有些奇怪，身体刺激的观点并没有考虑到不同听者对相同的声音会有不同的体验。例如交响乐的例子：如果我们在近处，我们可能听到第一提琴在平衡中过于突出，处于房间后面的人会听到不同的乐器平衡，整体上有更多的混响；某些处于后台的人将听到被掩蔽的整体声音的效果，即使他们听到的是同一个声源。

声音是时间性的，具有长度。确实，不可能存在没有长度的声音。就如同太阳光要走过从太阳到地球的距离一样，我们看到的是发出于 8 分钟以前的光，因此我们聆听到的声音其实是过去的声音。任何在球场另一端的人看到和听到球被击发时，都会体会到看到的事件和听到的事件之间的延迟。如果距离超过 100m（大概是一个足球场的长度），时间延迟大概是 1/3s。当我们听到雷声时，说明的也是同样的道理，因为原始事件有更高的能量，因此声音更大，声音可在更远的距离被听到。

凯瑟·欧·卡拉汉（Casey O'Callaghan）论证了声音应该被看作自身之中的事物，"我想说的是，声音具有标识、个性化和持续性条件，需要将它们从我们应该了解的产生或发出声音的声源属性中区分出来"（欧·卡拉汉，2007，22）。起初看来，这相当奇怪，但我们来看看在不同位置聆听警车警笛的情况，听者和发声物的相对速度、他们的距离、环境对声音的反射，以及一个相对于另一个的朝向都会对被听到的声音产生显著的影响。同样，对于要捕捉一个物体声音的话筒的位置来说也是如此。要论证一个物体只有一个独特的声音可能是困难的，因为它更多地取决于聆听的位置。最复杂的声音——人类嗓音，具有相对而言较小的声源，即口腔和鼻孔。与钢琴相比，钢琴复杂的声音来自物体的所有部分，弦本身和发声的钢板、震动和共鸣的所有其他组成部分。莫汉·玛森（Mohan Matthen）论证道，不要试图去决定声音自身是否应该具有被认定为物体的权力，还是应该与色彩、形状和体量等被视为一种可感属性。他指出，我们感受的是物体以及他们的特征，我们认识事物，以及他们的特征（玛森，2010）。

默里·谢弗（Murray Schafer）和巴里·特鲁瓦克斯（Barry Truax）在把声音研究重新架构为听觉"声学生态学"的研究中颇具影响，他们把注意力集中于人类与声学环境之间的关系上。在《声学交流》（*Acoustic Communication*，2001）中，特鲁瓦克斯也描述了几种聆听注意的不同级别。他将"寻找聆听"（listening-in-search）——如在嘈杂的环境中倾听讲话，和"期待聆听"（listening-in-readiness）——对一个熟悉的声音或信号在期待中聆听，作了区分（特鲁瓦克斯，2001，22）。特鲁瓦克斯也对背景聆听——有意识但声音没有直接的含意，和下意识聆听——整体没有主观意识，作了细致的区分（特鲁瓦克斯，2001，24-25）。

通常将听觉与色彩感知进行比较时，最基本的差异不仅在物理特性方面，还表现在人类对它们的感知方式上。当我们聆听时，我们可能说我们听到了声源或声音的发出点。当我们看一个物体时，我们通常看不到光源，看到的往往是对光源的反射。我们看到的颜色，通常是由物体反射的红、绿、蓝光。可能争论出现在将其类比为听到的回声或混响时，因为我们可以既感知声源的直达声，也感知从其他物体反射的稍后到达的回声。

我们对视和听的感觉有强弱之分。那么如果我们将其与其他感觉结合在一起来思考听觉呢？如何描述我们的体验？按照玛修·纳兹（Matthew Nudds）的观点，所有感觉的共同作用，给我们一种世界的整体体验：

我们感知一个单一、统一的世界：在我们每天与世界的互动中，就我们对它们的感觉而言，我们不去分辨它的物体与特征……我们倾向把感觉作为独立的事物——作为大脑的 5 种感知入口。我们倾向于把每种感觉以某种有意义的方式，从其他的感觉中区分、独立出来，每种感觉都可以独立作用。同时，我们又倾向于认为我们对世界的感知是所有感觉合作运作的结果，所以，我们感知到的是每种感觉独自提供的信息的集合。

（纳兹，2001，223-224）

无论我们听到的内容对真实的感知有何贡献。只要内容与感知相对应或至少没有从正在出现的感觉偏离太远，它将被结合、吸收到我们的感知之中。

总结

历史上有两种对于声音的探究在同时进行。一种是声音的科学本性，例如其速度、波动、频率；同时进行的则是人对声音感知（音调、和谐、清晰度等）的研究。两者都逐渐地提高了我们对一种异常复杂，有时堪称神秘的感觉的理解。本章开始于对声音的两种定义；一种是科学的"通过空气传播的振动"，另一种是更偏向感知的"一种可以听到的事物"。声音设计的研究与实践内容来自两个视角。哲学家们，从亚里士多德开始，一直在尝试描述及分类世界（以及声音的世界）。逐渐地，我们对声音的科学理解已有了很大进步，明白了它是一种在介质中运动的声学波动，它可被测量、模拟和重现。如果我们也将声音作为一种信号系统类型来感知，我们可能会研究声音如何变得有含意。

我们将声音作为听觉感知对象的理解也变得更加精细，但在描述它的理论模型上很少统一。一方面，人类语言是最明显的声音信号系统，但有关其起源的说法仍有争议。诺姆·乔姆斯基（Noam Chomsky）的关于通用语法（Universal Grammar）的观念——固有的天生使用语言法则的能力，一直受到基于多种批判，即缺乏不同语言结构的统一性 [伊文思（Evans），2014]。对于乔姆斯基的通用语法来说，人类语言确实有着同样的结构特点。虽然，各种语言之间确实有共同特征，但这并不能证明通用语法是预先编码的，相反，它是一种习得的功能系统，这也是批评者们的立足点。最近，出现一种革命性的语言模型，它把人类神经的整体系统作为语言能力的基础，因为语言的使用需要认知能力与产生言语的器官，如舌头和喉咙的精细控制的进化，以及对于说者和听者同等重要的人类听觉系统的生物进化的结合 [莱伯曼（Leiberman），2006]。虽然对于任何假设的语言生物起源都有争论，但它们的复杂性和独特性指向一种天生的、自然的、人类为了交流而创造并使用符号系统的能力。无论是否研究一种复杂正式的信号系统（如语言）还是非言语的声音信号系统（如警笛的使用），符号学都可以被用来研究任何类型的作为符号的一部分声音，既可单独研究声音也可与视觉一起。

注释

1. 圣十结构之四（tetractys）也象征着经典 4 元素：火、空气、水和土 [里特（Ritter）和莫里森（Morrison），1838，363]。

2. 后来发现，弦的张力与张力比的平方根关系相似。例如张力比为 9 : 4，9/4 的平方根是 3/2，也就是其和谐关系。

3. 伽利略·伽利雷（Galileo Galilei）在哥白尼（Copernicus）的支持下出版了太阳中心说理论之后，遭遇了来自天主教会的反对，教会正式宣布其理论为邪说。地心说的观点，与《圣经》中的观点一致，将地球看作宇宙的中心；而太阳中心说，将太阳作为宇宙的中心，其他行星围绕着太阳运动。

4. 傅里叶（Fourier）的论文《固体的热辐射》（*On the Propagation of Heat in Solid Bodies*）1807 年在巴黎研究院（Paris Institute）问世。

5. 欧姆更为人知的是电阻的欧姆定律，学物理的学生们都知道，电压等于电流与电阻的乘积，即 $U=IR$。

6. 采样定理意为："如果一个函数 $f(t)$ 包含的频率不高于 W cps（周 / 秒），其结果完全决定于给定的一系列间隔为 1/2W 秒的纵轴上的点。" [香农（Shannon），1948，11]

7. 本杰明·皮尔士（Benjamin Peirce）是查尔斯·桑德斯·皮尔士的父亲，他的符号学理论在本书后面呈现。

8. 双耳时间差（ITD）和双耳电平差（ILD）可帮助理解 "在相当差的信噪比的环境中，语言在空间上与噪声分离而非位于同一位置时的情况"。[格莱德（Glyde）等人，2013]

9. 这种声源的观点一直是互动声音设计师把握的基础。特别是，因为声音实际上经常在声音中间件（middleware）如 FMOD 或 WWISE 中，被描述或被指派给一个事件。

10. 特别学究式的说法，树倒下时较之树与地面接触时来说并不会产生很大的声音，后者会产生更大的声音。

11. 不可避免地会出现进一步理论的分类和子分类。声音被认为与空间相关，理论不认为它有其自己的空间性，而认为声音的空间性是与物理世界或可视的世界重叠的。所以，理论论证道，如果这个世界不可见或不可触及，那我们的听觉给予我们的声音的客观感知是位于空间之中吗？另一种对声音的分类为纯粹的事件，与其物理起因相分离。[卡萨蒂（Casati）和道克（Dokic），2014]

第 3 章

声音的视听理论

导论

　　在某些转换、记录和传输声音的技术手段出现之前，所有声音都是实况的。[1]
在 19 世纪有 3 种重要的声音技术出现：（1）电话，由亚历山大·格雷厄姆·贝
尔（Alexander Graham Bell）在 1876 年发明；（2）留声机，由托马斯·爱迪生
（Thomas Edison）于 1877 年发明；（3）无线电报，由伽利尔摩．马可尼（Guglielmo
Marconi）于 1895 年发明。[2] 利用换能器，我们可以将一个信号从一种形式的
能量转换为另一种形式的能量。话筒把空气的压缩振动转换为电能，扬声器反
之，而留声机将声音转换化为刻在盘片上的螺旋形的模拟沟槽。结果是我们可以
放大、保存或以电信号的形式传送声音。[3]

　　例如电影声音，当维他风（Vitaphone）系统被发明后，电影开始大规模制
作。这是一种基于唱片的录音装置，意味着伴随一个场景的所有录音都必须同时
录制。几年之后，声音可以转由光（后面出现磁性介质记录）介质记录后，几种
工作就变得可能了。首先，可以实现声音剪辑，把不同的声音连接到一起或去掉
无声和不需要的材料。这也使得对话、音乐和声效多层声轨可以分别录制后混合
到一起，创建合成的声轨。第二，声音的叠加成为可能，其效果也可以预估。第
三，声音的加速、减速或倒放也变得容易了。

　　这意味着视听表达很容易被操作，我们的感觉可以被"欺骗"。通过声音剪
辑我们可以在不知不觉中替换、修饰、强化任何物体的声音。无论是单独使用声
音与否，如在音乐表演、广播剧中还是与影像一起使用声音，不会出现任何可闻
操作的痕迹。但是，在视听作品中，视觉则令人信服地提供支撑，佐证我们听觉
的真实性。视觉支撑着听觉的幻觉，就如同听觉支持着视觉幻象或特技效果一样。

电影和声音

　　里克·奥尔特曼写下了综合无声电影史和数篇关于电影理论中声音地位的文
章（奥尔特曼，1980a；1992；2004）。在将电影声音比喻为腹语术时，对于配
置声音／影像／含意结构，他提供了一种新奇的方案，这里无声源声被看作一种

对注意力的分散，同时"我们被无声源声搅得不安，我们宁愿把声音赋予一个模型或影子而不是去面对其无声源的神秘感"（奥尔特曼，1980a，76）。某人说话的视觉影像是一种多余的重复，但镜头／反打镜头仍然是电影制作的基石。在论文《四部半电影谬误》（*Four and a Half Film Fallacies*）中，奥尔特曼也突出了早期有声电影双目标（twin aims）的重要性，即有令人信服的影像和可懂度高的声音。产生于需求，依据技术水平和电影声音的发展，技术开始被有意识地用于构造"现实"，而不仅仅是旁观现实（奥尔特曼，1980c，58）。

除了是一位电影声音历史学家，奥尔特曼也是仔细研究过电影理论的语言的学者，这种语言顽固地根植于视觉术语，通常不适于对声音的讨论，其渊源则为怀疑声音的早期理论家们［包括克拉考尔（Kracauer）、普多夫金（Pudovkin）、莱特（Wright）和爱因汉姆（Arnheim）］，是他们以视觉艺术为主构造了电影理论的框架，这些术语通常不适用于电影声轨。奥尔特曼描述了几种谬误，历史的、本体论的、再现的、唯名论的和索引的，它们遍布于早期和后来有关电影的著述中，整体上追求削弱或忽略电影理论中声音的地位（奥尔特曼，1980b，65）。

早期的电影声音理论

电影中对话的出现产生了一系列新问题，例如与话剧相比，围绕着电影艺术的目的问题。在声音出现之前，媒体不能奢望全面的真实，因而电影人径直走向相反的方向，创造一种风格化的艺术表达形式。批评家们在声音的出现是强化还是破坏了作为艺术媒体的电影的问题上有分歧。许多经典时期新有声电影的理论家们对对话片持怀疑态度，希望在观众对同步声最初的新奇感淡去后对话片会消失。

仍然有人担心如果观众必须集中太多注意力于电影中的对话，他们就不能集中注意于视觉影像（克拉考尔，1985）。有些观众很适应电影中逐渐增多的人声，在美国默片的电影院中，经常会雇一名唱白（挑气氛的主持人）（master of ceremony）在电影放映中读解电影［菲尔丁（Fielding），1980，4-5]，目的为在熟悉的杂耍电影和新式电影之间提供一种联系。唱白为观众读出字幕，观众中有许多人不识字。最后（也许是最重要的），他为观众解释电影。日渐复杂的剪辑和摄影机角度因此疏远了那些比起看电影更习惯于看实况话剧的观众。

先锋的苏联电影人谢尔盖·爱森斯坦（Sergei Eisenstein）与伍瑟沃罗德·普多夫金（Vsevolod Pudovkin）和格里高利·亚历山德洛夫（Grigori Alexandrov）更加惧怕对话进入成熟的电影艺术。1928 年，他们提出"实际的对话对已发展成熟的影像语言来说是一种威胁"（爱森斯坦、普多夫金和亚历山德洛夫，1985，75）。声音带来的威胁是明显的。有人认为从无声电影发展起来的华美电影语言面临着冲击，与美国的电影人相比，持有这种观念的英国和法国电影人要更多。爱森斯坦建议一种蒙太奇理论，其中电影元素的顺序与对位提供的独特性标志着电影作为一种新艺术形式的差异。普多夫金也接受了在电影中使用声音，但特别强调，反对对话驱动电影的观念（1985）。普多夫金同样把有声电影看作是只要遵循非同步原则都可以追求的康庄大道。

1929 年，雷内·克莱尔（René Clair）所持的态度是将成问题的对话区分开来，而不是整体反对声音。他足够务实，承认声音的采用是不可避免的，但要小心划清有声电影和可笑的对话电影之间的界线：

对话电影不是全部。有声电影成为支持无声电影的最后希望。依靠有声电影来避免对话电影带来的危险，努力证明声音和声效相伴的电影足可满足观众的娱乐而避免对对话的需求，这可以创造一种"真实"的幻觉，而不大会像对话电影那样伤及电影艺术。

（克莱尔，1985，92）

其他人则不太恐惧对话，同时把它看作一种潜质。1938 年，鲁道夫·爱因汉姆（Rudolf Arnheim）认为电影对话使讲述故事更容易，语言是"一种可以节省时间、空间并且具有灵活性的手段"。虽然他可以接受作为艺术的歌剧从歌词中获益，提供一种"戏剧情节的骨架"，但他不认同对话在电影中可能有相同功能的观点（1985，112）。爱因汉姆认为对话并不是改进了艺术形式，而是由于干扰影响了表现力而伤害了已有的艺术形式。[4]

既拍电影又是理论家的人，如阿尔贝托·卡瓦尔康蒂（Alberto Cavalcanti）在 1939 年令人信服地论述，声音可以用作"暗示的方法"，在很多年之后这种观念逐渐被接受，这是声音变得具有较少功能性或字面意义之后的事了。能够听到声音但不能直接看到声源，可让电影人创造悬念、造成观众的恐惧或困惑。这样做时，观众可以较少意识到电影的机制，因为声音并不像视觉信息那样直接与其声源相关，"这就是为什么音响如此有用，它直接与情感对话"（卡瓦尔康蒂，1985，109）。

电影人贝拉·巴拉兹（Béla Balázs）看到电影中声音的创作潜质，而且发现它们并没有被全部发挥出来。作为作家，他横跨无声电影和有声电影时代，在他 1949 年写的关于声音的某些戏剧可能性的文章中，他认为声音"可以介入并影响其声源"，并不仅仅是简单地伴随故事中的影像（1952，200）。他描述了如何通过对声音的操纵来实现紧张、意外并持续的氛围和效果。声音在叙事空间之内，但观众看不见其声源时，演员可能会听到声音、看到其声源，同时明白处于观众面前的是什么。反之，观众也可能看到位于人物面前的声源（1952，209-210）。无论是否制造悬念、紧张或意外，让人物或观众具有不必听到同样的声音或看到相同的东西的能力，可使观众或演员处于"先知"的优势地位。它也突出了对于声音视觉反应的戏剧价值，而不是其声源本身，同时还警示声音隐喻和明喻可能变得明显或老套（1952，218）。

对话对于某些人，以及同步声效对于另一些人而言可谓是某种具体的危胁，虽然声音整体成为不被信任的目标，但问题并不在于声音本身。无论你认为无声时代的电影是成熟的、纯粹的艺术形式，还是声音的出现（包括对话）过程是电影走向真正伟大的绪言，电影的剧本、表演、导演和接受的效果则很少有人争论。许多早期理论家普遍认为声音的出现使电影更接近真实，因此远离了艺术。许多经典时期新有声电影的理论家都怀疑对话片，认为一旦公众对于同步声的新奇感消失后，它们会渐渐消失。但是，现在观众已习惯于在看的同时听电影。把声音拿掉，或即使去除简单对话的声音都是行不通的。

维他风（Vitaphone）系统被开发出来后，画面和声音之间的同步就变得可行了，因此透明的、对话的电影就一发不可收拾了。[5] 而后，电影人开始创造性地在他们的电影中使用声音元素，这不仅仅被作为宣称他们的电影是会"说话的"市场推广手段。引用斯科特·艾曼（Scott Eyman）的话——"对话片不是一种进化，而是突变，一种整体不同的艺术形式"（1999，22）。甚至，阿尔弗雷德·希区柯克（Alfred Hitchcock）虽然将"纯电影"（pure film）定义为电影，即用视觉手段，特别是通过蒙太奇手段来表达，但他仍在他的电影中使用声音作为另一种创作手段，其目的是维持观众的注意力 [威斯（Weis），1978，42]。这种务实的手段成为声音出现时表现手段分流的范例，一方面坚持纯电影是视觉的观点，另一方面，又进一步利用声音来创作电影，超越了纯视觉电影能实现的可能性。

对录音的真实性或逼真方法的尝试，以及电影中声音的使用，可以用另一位有影响力的人物 J.P. 麦克斯菲尔德（J.P.Maxfield）来作为示例，在他的作品中始终有声音出现。在电影中使用声音尚没有正式确立之前，他就撰写了有关电影声学 [麦克斯菲尔德（Maxfield）和弗拉纳根（Flannagan），1936] 和录音技术的文章 [麦克斯菲尔德和哈里森（Harrison），1926]。麦克斯菲尔德注重经验多于艺术性，以人的感知模型和常识为基础，推荐电影使用录音手段。在清晰度与真实的忠实度之间有一种必要的折衷 [拉斯特拉（Lastra），2000]。对于清晰度来说，麦克斯菲尔德认为三面围墙的布景最可取，因为它可减少混响，改善清晰度，同时建议在与摄影机同向设置一支话筒，以便在"人物朝摄影机走来时，也自动地朝话筒走来"（奥尔特曼，1980c，50）。他对于自然双耳聆听较之通过话筒录音的单耳聆听之间差异的实际理解，被任何参与过录音和对话混录的人所承认：

单耳所带来的方向感的丧失会造成相当意外的结果。当使用双耳时，一个人会有意识地把注意力投向从给定方向来的声音，具有部分排除从其他方向来的声音的能力。由于使用单耳丧失了方向感，这种有意识的区分就不可能实现了，同时场景中附带的人声中存在的混响会明显增加，它们会达到过度干扰观众注意力的程度。因此，必须控制这些噪声，包括混响，控制到一个比正常值还要低的响度，使单耳录音能满意地创造双耳聆听的幻觉。

（麦克斯菲尔德，1930，86）

麦克斯菲尔德也应用这种常识的方法来使声音的规模与影像相配，使声音和影像一起呈现真实的深度感和规模：

人在真实生活中观看一个真实场景时，是通过眼睛观看、耳朵来拾音的——它们之间的关系是固定的……这就是重点，事实上，眼睛和耳朵保持着相互之间的固定关系。

（麦克斯菲尔德，1930，85）

传统视觉剪辑出现了一个难题。电影与真实生活相比较，因为电影经过剪辑，从根本上就和生活是不同的表现方式，电影中我们没有体验过眼睛和耳朵之间的一种连续固定的关系。在真实生活中，一个人的声音与他嘴的方向相一致。在电影中，人的影像可能在银幕的中间或来回运动，或在全景和近景镜头间切换，或者他们根本不在银幕上。声音应该与影像的大小 / 视点相匹配吗？就是说，如果镜头从全景切换为近景，声音应该从相对较小、混响较多切换到声音更大、更多直达声的视点吗？这也给录音中保真度的程度模型提出了一个难题，因为从属地跟随视觉表达仅仅服务于将观众的注意力集中于每个视觉剪辑点，这会与创造一种观众进入或沉浸于故事的感受相佐。结果，麦克斯菲尔德的提议被大部分业界人士所忽略，他们认为务实和讲故事远比科学的正确性要重要。业界采取的观念是，声带可用来隐藏电影的机制以及处理的痕迹，即使这意味着与真实的科学和常识背道而驰。

后来的电影理论

尽管放弃了对科学录音和再现规则的严格遵守，电影还是需要通过声带使观众达到"如生活一样"的体验。画面没有声音永远达不到使观众沉浸于有声电影的

45

程度。正如玛丽·安尼·多恩（Mary Ann Doane）指出的，如果视觉和听觉世界塑造得足够好，使人信服，观众就会进入故事并沉浸其中（多恩，1980a）。要想制作出真实可信或看似自然的电影，那就需要隐藏电影的机制本身："'越感觉不到技术，就越成功'，声音工作的不可见性，是衡量声带强大与否的标准"（多恩，1980b，48）。

米歇尔·希翁（Michel Chion）写了很多有关声音和电影的著作，他具有影响的书包括《视听：幻觉的建构》（*Audio-Vision：Sound on Screen*，1994）和《电影中的人声》（*The Voice in Cinema*，1999）。正如玛丽·安尼·多恩、米歇尔所认为的，虽然也有其他声音相伴，但电影天生被看作是"以人声为中心的"（Vococentric），人声贯穿始终、持续不断。米歇尔创造了一些与电影中声音现象相关的词语。他所说的"视听合约"（audiovisual contract）是指声音和影像共同运作，创造统一整体的感知。

米歇尔描述的"增值"（added value）的概念，指声音丰富了影像，而看上去并没刻意这么做，在那里即刻或记忆中的体验都是自然地出自影像本身，"声音仅仅复制了某种真实生活中它产生的意义"（1994，5）。对于米歇尔来说，声音经常用来引导视线，例如将特别的声音与视觉运动相匹配，或为实际上并不存在的事件配上某个声音来创造一种效果（例如撞击或开门声）。米歇尔突出讨论了电影中通过有意保持声源不可见的无源声（acousmêtre）的作用（1999，17-29）。他也创造了"同步整合"（synchesis）这个术语，即一种影像与声音的同步融合，以此来描述同步出现的听觉现象与视觉现象，成为了一个电影或内心的对象（米歇尔 1994，63）。

另外，米歇尔还讨论了画外空间和听点问题，突出讨论了对照视点来说，使听点独立时的困难（1994，89-92）。确实，影像在很大程度上决定了假设的听点，有代表性的就是人物的特写，我们的听点与其一致，或人物的主观镜头的视点。米歇尔也描述了不同的聆听模式，这是最初由皮埃尔·舍费尔（Peirre Schaeffer）提出的（1967），它与聆听的目的相关。例如"因果聆听"（causal），其目的在于收集信息，"语义聆听"（semantic）目的是寻求对声音的解码，而"简化聆听"（或称"还原聆听"）（reduced）则将注意力集中于声音的特性本身，而不是其含义和原因（米歇尔，1994，25-31）。

米歇尔也探究了对同步声批评性关注的缺失，例如对电影中对话的关注。他令人信服地论证道，同步声有被视觉元素吞没的倾向，声画结合的意义则变得只归属于影像了，声音本身变得多余了（米歇尔 1999，4）。这部分解释了一直以来批评性言论的关注点多在声带上的音乐和旁白元素上，因为它们与视觉元素没有捆绑在一起。[6] 米歇尔也认识到声音分析的一个主要问题就是缺乏共同的语言，以及其模棱两可的术语和概念的独立性。他责怪那些报怨"描述声音的词汇太少，而总是不去思考使用他们已有语言中的更多具体词汇"的理论家们 [米歇尔，2012，9（我的翻译）]。[7]

大卫·索南肖恩（David Sonnenschein）提供了一个独立而全面的对于声音设计的指导——把声音和叙事理论、心理声学、音乐、人声和影像的观念结合在一起（2001）。从更传统的指导出发，他把声带的发展引向不同的关注领域，例如年代、声学、感知、语音、情感、叙述等。他更偏爱人声而非对话，索南肖恩（2001，133）也突出讨论了我们在聆听言语中人声具有特征的声音时面临的困难，在我们的母语中，"理解上不由自主的强迫性"将为主导，它与米歇尔对不同聆听模式的解释相吻合。同样，他还注意到非语言内容的元素，如韵律、音调和重音等，它们为字词添加了含意。声音和声音的层级一般与格式塔原理相关，如同图形与背景（figure and ground）、闭合（closure）、共同命运（common fate）和归属（belongingness）等原理，它们可被利用或操纵（索南肖恩 2001，79-83）。另外，索南肖恩（2001，XXI - XXII）把观众和源自身体、情绪、智力以及声带的道德元素的意义也考虑进来了。

近年来声音理论有种爆炸性发展的倾向。从对媒介业声音历史的深入研究到声音的人类学、政治、个体、哲学、美学和文化的研究，研究的范围仍在扩大，同时，对于声音的重新关注既让人高兴，又让人有点不知所措。声音研究的数量作为一个学科近来呈指数级成长，作者们发现了一个讨论自己观点的新环境，而不用在其他学科如音乐学、哲学和文化研究的边缘工作了。

逐渐地，当代研究者们回顾从无声时代向有声时代的转型期。凯瑟琳·凯利纳克（Kathryn Kalinak）的《声音：对话、音乐和声效》（*Sound：Dialogue，Music，and Effects*）研究了从无声到数字时代电影声音的历史。凯瑟琳也提出了"无声电影"作为一个标志，回到某个时代时，发现那个时代的电影并不是完全无声的。现在则可定义为同步声缺失的观点："在整个电影工业转向同步声的过程中产生的，同时反向投射到一个时代，一般使用'活动影像'（moving picture）来描述电影现象"（凯利纳克，2015，2）。《好莱坞的声景》（*Hollywood Soundscapes*）[汉森（Hanson），2017] 从一个声音技师的角度，诠释了在无声向有声过渡的那个时代，声音技师的身份发生了根本变化。从被依赖的技术专业，他们的身份过渡到包含更多的艺术需求，支撑"电影的故事价值"。早期对声音的认可，作为与摄影和剧作紧密的合作者，可以从发表的文字、杂志、期刊和当时的技术手册中发现。

也有对声音技术兴趣浓厚的人，同时伴随着对声音美学的关注。《超越杜比：数字声时代的电影》（*Beyond Dolby：Cinema in the Digital Sound Age*）[凯林斯（Kerins），2011] 研究了电影声音广泛采用的两种技术。虽然多声道声在《幻想曲》（*Fantasia*）之后就一直存在，但在出现杜比（Dolby）数字 5.1 版本，以及后来与之竞争的 DTS 和索尼的 SDDS 之前并没有被广泛采用。目前的电影院，数字声轨和现代电影扬声器系统较以前的系统，具有更大的音量和更小失真的重放，同时可以让微弱的声音被观众听到。这种数字重放扩展的动态范围，意味着现在电影既可以有极端安静的段落，又可以有极其震耳欲聋的段落。它标志着电影声音相当于从羽管键琴时代进入了现代钢琴时代。[8] 杜比数字 5.1 也在实际上成为消费环绕声的标准，因为它也是 DVD 视频标准的一部分。

最近，杜比正在寻求使其全景声（Atmos）系统成为 21 世纪多声道电影的标准。使电影人相信大多数观众现在可以以他们期望的方式听到电影，同时也鼓励电影人们利用可以将声音放置于空间中任何位置的能力。[9] 杰伊·贝克（Jay Beck）的《设计声音：1970 年代美国电影的视听美学》（*Designing*

Sound：*Audiovisual Aesthetics in 1970s American Cinema*）（2016）也突出讨论了杜比在电影声音中的影响，杜比对于电影的影响也在很大程度上与逐渐增加的流行音乐作曲的电影如《毕业生》（*The Graduate*）[尼克尔（Nichol），1967]、《逍遥骑士》（*Easy Rider*）[霍普（Hopper），1969] 以及有声音意识的导演如科波拉（Frances Ford Coppola）和卢卡斯（Georg Lucas）等人的声名鹊起相关。杜比技术的首次亮相是在电影中，它的音乐声带总是一个重要的卖点：杜比 -A 降噪器首先用于斯坦利·库布里克（Stanley Kubrick）的《发条橙》（*A Clockwork Orange*，1971）中，其突出的特点是经典音乐和沃尔特·卡洛斯（Walter Carlos）的合成器音乐，同时四声道的杜比立体声系统的首次使用就是在音乐片《一个明星的诞生》中（*A Star is Born*）[皮尔森（Pierson）1976] 中。不久后，《星球大战》（*Star Wars*）（卢卡斯，1977）就发行了。[10]

从业者的声音理论

虽然在学术文献中很少被提及，但业内从业者们对于电影、电视节目 / 剧、游戏和其他媒体中声音的作用的争论并没有停止，同时，他们的观点给以电影为关注点的理论家的批评增加了另一个维度。他们的观点可以从他们自己的书，还有日益增多的专家博客和其他网站中发现。从业者们有从创作者的视角进行写作的优势，而分析家和理论家只能从完成的结果去研究。理解声音制作的处理过程和技术、根本原理和方法给声音批评增加了一个新维度。通过详细描述他们的工作方法，从业者们能更好地理解声音对故事创作的贡献。也有把声音作为分离而独立的元素讨论的，它也可以在电影制作的层次结构中、业界实际情况，以及决策过程中进行讨论，它们影响声音如何被运用。

有许多文字资料，或者是从业者所写，或者是对从业者的深度访谈。《电影声音：理论与实践》（*Flm Sound：Theory and Practice*）[威斯（Weis）和贝尔顿（Beilton），1985] 和《电影和视觉媒体中的声音和音乐》（*Sound and Music in Film and Visual Media*）[哈普尔（Harper）、道蒂（Doughty）和艾森特劳特

（Eisentraut），2009]——访谈和传略组成的合集。最近的一本合集是《银幕媒体中的声音设计和音乐帕尔格雷夫手册：整合的声轨》（*The Palgrave Handbook of Sound Design and Music in Screen Media : Ingegrated Soundtracks*）[格林（Greene）和库莱辛克－威尔森（Kulezic-Wilson），2016]。它的标题暗示，它的涉及面不仅是电影，还有一些受欢迎的电视剧，这些电视剧在 21 世纪逐渐变得重要并受到称赞。

也有几本由富有经验的从业者写的书，但没有得到广泛的称赞或产生广泛的影响。就像其他文字一样，它们的影响力与作者在业界的影响力有关。例如《声效剪辑师的艺术》（*The Art of the Sound Effects Editor*）[克纳（Kerner），1989]、《声效：广播、电视、电影》（*Sound Effects : Radio, TV, and Film*）[莫特（Mott），1990]，还有《动效圣杯：为电影、游戏和动画表演声音的艺术》（*The Foley Grail : The Art of Performing Sound for Film, Games, and Animation*）[安曼特（Ament），2009]，并不与他们所处的时代传奇的传略或出名的电影相关。例如，电视业的从业者在历史上就不如电影人的社会地位高。因此，克纳的《从 U.N.C.L.E. 来的人》（*The Man From U.N.C.L.E.*）和莫特的《我们生活的日子》（*Days of our Loves*），因为是电视剧，而造成了克纳和莫特与故事片同事的差异。另外，安曼特工作的领域远不是光鲜亮丽的动效拟音，可能与她的同事们写的其他声音制作方面的书就无法比较。

天行者音效公司（Skywalker Sound）的声音设计师、声音剪辑监督，以及声音设计指导兰迪·汤姆（Randy Thom）重新探讨了罗伯特·布烈松（Robert Bresson）在他颇具影响的书《电影书写札记》（*Notes on the Cinematograph*）[布烈松（Bresson），1975]中讨论过的一些问题，[11]在具有影响力的论文《为声音设计电影》（*Design a Movie for Sound*）中，汤姆建议，眼睛获得的信息不足，迫使大脑去调用耳朵来收集信息（2000，8）。[12]他强调了视觉多义性的重要性，如黑暗、摄影机运动、慢动作、黑白影像，以及主观视点，给表现提供了空间（汤姆，2000，8）。意识到相对于影像，我们很少知晓声音，汤姆论述说："电影就是要在真实生活中的某一时刻不可能有联系的事物之间构成联系，或至少基于某种你理解的意义构成联系。声音就是造成这种联系的最佳手段"。他也为电影制作中声音制作者的早期介入提供了一个典型范例，同时对一些人在职务上的武断持怀疑态度，其观点是"作为一个专业人员，你应该知道你要做什么——但这对于创作过程是令人讨厌的"（汤姆，2000，16）。

汤姆还提倡一种克制的方法，一切手段都是为了最有效地推动故事向前发展：

> 我认为听众／观众不仅仅需要故事的基础框架。他们至少需要某些故事细节，一些非常具体的情节暗示，就其含义来说具有足够的灵活性，作用就像一个小跳板，把每个观众推向他（她）自己想象的旅程。但我也认为，避免过度使用细节是极其重要的，它们经常会相互抵消。通常，给一个场景中所有在想象中会出声的单一事件都配上声音不是个好主意，需要进行选择，通过取舍创造一个小的故事方向。

（Thom in Farley，2012）

汤姆林森·霍曼（Tomlinson Holman，2010）是少有的在电影声音界广为人知的人，他的《电影、电视中的声音》（*Sound for Film and Television*）覆盖了声音技术方面的理论和简单的电影声音理论。有着横跨音频工程和电影理论的职业生涯，霍曼的书覆盖的领域与耶德尔（Yewdall）的书相似，但也为特定实践理论提供了基本原理。霍曼将声音作为叙事的手段，将直接叙事的和潜意识叙事的功能相结合，同时在形成有意义的电影制作过程中，将声音作为一种"连接组织"，指出其起到一种类似语法的作用（霍曼，2010，xi-xii）。对话就是"声音有着直接叙事作用"的例子，而音乐是典型的声音潜意识叙事的范例。特定的声音（如背景中横跨剪辑点的环境声）暗示连续性，起到的是类似语法的作用。

马克·曼吉尼（Mark Mangini）[代表作为《疯狂的麦克斯 4：狂暴之路》（*Mad Max Fry Road*）、《银翼杀手 2049》（*Blade Runner 2049*）] 讨论的是声音设计师在创作声音时可能采取的三种主要路线：原始声、代替原始声的声音、纯符号表示的声音 [曼吉尼（Mangini），1985，364]。第一种通常就是录音师收录的实际物体或环境的声音，如枪械或具体的环境声音。第二种是"认知的路线"，替代用的声音与原始声音之间存在一种比喻关系。曼吉尼举了一个经典的例子，用玉米淀粉模拟人在雪地上走路的声音。玉米淀粉本身是一种白色粉末，最初它的外形有助于实验，就像用半个椰子壳模拟制作马蹄声一样。第三种路线是最抽象的，与原始物理物体没有实际必然的关系。范例包括用玻璃纸模拟制作火的噼啪声。

沃尔特·默奇（Walter Murch）可能是最受尊重的电影声音作家/从业者。在访谈和他自己的文章中，他解释并创造了自己的电影理论，并强调了声音在电影中的地位。作为受到高度尊重和成功的声音从业者，默奇能够解开一些声音的谜团。他指出，任何知晓电影声音制作过程的人都会立即意识到"在最终结果与方法之间没有必然的联系"（默奇，2005b）。他颠覆了电影声音与某种实际表现的声音之间没有差异的认识，并指出，电影也不必是真实性的媒介，或至少它的目标不应在此。在论证反对完整性的观念时，默奇认为"最佳的声音是存在于人脑中的声音"［引自凯尼（Kenny），1998］。为了使观众沉浸在电影里，应该给制造合理性留一些空间，"激发观众自己去完成你只画了一部分的圆"［杰瑞特（Jarrett）和默奇，2000，8］。

有几种观念出自这种有意的对艺术性的限制。不是实际地去表现，声音可以作为其表现意义的象征：

这种对于声音象征性的运用是最灵活、含义最丰富的，打开一个概念的缺口，观众丰富的想象力下意识地充入其中，渴望（甚至是下意识地）完成那个暗示的圆形，去回答那个只给出一半答案的问题。

（默奇，2005b）

在对声音象征性运用的工作延展到声音的混合以及实际寻找具有表现性的声音元素两个方向上，它们都与声音的基本音质关系不大。"我总是试图尽可能地使声音具有象征性，与现实不是绝对相符。当你面对某种不能在一般意义上解决的问题时，那就是使用让观众能更加深入地融入其中的东西的时刻"（杰瑞特和默奇，2000，8）。在描述声音作为编码与象征的连续体时，默奇是最接近声音实用理论的，他说："最明确的编码声音的范例就是语言。最贴切的象征性声音就是音乐"（默奇，2005a）。既是声音剪辑师又是画面剪辑师，默奇在判断声画之间的相对重要性和协作时具有优势：

我把声音与画面作为自然的"同盟者"看待，将二者当作同一枚硬币的两面。以足球的术语来说，就是"我能把球传给自己"。当我剪辑画面时，我可以考虑声音，它可以帮助剪辑画面，我可以把一种想法在影像中模糊地表现，后面我可以用正确的声音使其完整或放大它。

[科维（Cowie）和默奇，2003]

这段说明很明确，声音从业者的形象向来没有声音理论家高大。确实，他们的观点更多地是在业内印刷品中出现。电影声音从业者一般也没那么知名，或是在商业上像演员或导演那样有所作为，也没有如摄影师、作曲家或画面剪辑师那样受人尊敬。相对来说，只有几位声音从业者因为工作成绩接受过以电影为主要内容的杂志的采访。相反，如《混音：专业音频和音频制作》（*Mix：Professional Audio and Music Production*）和《音频技术》（*Audio Technology*）杂志的出版单位经常只采访那些电影畅销或有可能拿奥斯卡奖的、出名的声音混录师和剪辑师[杰克逊（Jackson），2010a，2010b]。被引用的代表性的素材都是涉及与故事本身相关的创作手法，以及那种手法如何与导演的需求相整合。同样，采访具有很高影响力的电影系列片的相关工作人员时，通常只涉及技术话题，如《大西洋帝国》（*Boardwalk Empire*）[杰克逊（Jackson），2011]中大场面时代的制作特点或是在《权力游戏》（*Game of Thrones*，杰克逊，2011b）中特殊录音技术的运用。结果，内容更加具有新闻性，电影引发的兴趣点更多的是与电影情节相关，而不涉及技术从业者和他们的工作内容。

罗伯·布里奇特（Rob Bridgett）是一名声音设计师，同时也是《为声音设计游戏》（*Designing a Game for Sound*，2009）的作者，本书作为兰迪·汤姆最初的文章《为声音设计电影》（*Designing a Movie for Sound*，2000）的延展。与电影声音有许多共性，布里奇特也支持声音工作应早期介入游戏的计划阶段，无论是从技术角度还是从美学角度来说。与汤姆一样，布里奇特把合作看作在游戏中更好地整合声音的途径。

设计是视频游戏"指导"的中心，同时也是工作的起始部分。艺术指导和技术指导在决策过程中都非常关键。一个声音指导不仅能支持其他学科，而且能够启发他们，这也是游戏声音设计师在游戏前期制作阶段的工作目标。

（布里奇特，2009）

默奇、汤姆和曼吉尼一直具有影响力，因为他们身处业界，在商业领域和研究领域都很成功。每个人都提供了他们的个人见解且作出了包含思想性及理性的解释，以他们自己的作品作为示例来进行说明。特别是默奇，因其电影制作获得了极大的尊重，既是画面剪辑师，也是声音剪辑师，这使他对于电影观念以及如何在电影中更有效地使用声音的观点得到重视。汤姆强调声带效果的创造性，并鼓励其他电影人，特别是剧作家去试验声音的叙事可能性。威尔斯特·霍曼（Whilst Holman）明确了一种电影声音功能方面的综合分析（Meta-analysis），曼吉尼和索南肖恩沿着爱德华·德·波诺（Edward de Bono）的"思维的帽子"（thinking hats）路线，支持一种声音的方法论和策略，它可用于声音的创造性目的。布里奇特，虽然工作于不同的媒介领域，但与汤姆的观念相呼应，特别支持在那些并不是一个人说了算的领域与其他学科合作的方法。

每个从业者都对存在于声带之中的声音边界进行解释，或以他们自己的作品来展示他们创造性的指导方针，这突出了其方法的可行性和有效性。虽然模式不多，但简单性和灵活性是成功的关键。默奇和霍曼勾勒出可完成不同叙事作用的声音的不同功能和特征之间的差异。汤姆和索南肖恩都明确了一种特别的创作手段或可行的创作空间的根本原理，可使声音进一步纳入电影的织体之中或在电影制过程中成为更具意义的合作伙伴。

论坛和博客

以从业者的视角分析电影中声音运用的方式非常有效。虽然，相对来说只有很少几个人设法出版自己的想法，但是对于从业者来说，有越来越多的机会让他们把自己的想法和观念放到网上，把重点放在非技术和非商业兴趣的方面来讨论。自跨世纪以来，一些论坛和博客迅速成为从业者们可以以一种合作的心态来讨论作品和想法的地方。FilmSound 成为一个有关声音理论和实践的有着大量文章和采访的数据库，并不严格局限于电影声音，还包括电视、游戏和其他交互式媒体。它收集的文章非常出色，有原创的也有其他地方出版的，有关电影声音历史和理论，包括来巴拉兹（Balazs）、克莱尔（Clair）、普多夫金（Pudovkin）和克拉考尔（Kracauer）的经典文献，还有当代的古斯塔沃·康斯坦蒂尼（Gustavo Constantini）、吉安卢卡·塞尔吉（Gianluca Sergi）和杰弗瑞·鲁夫（Jeffery Ruoff）的。

　　逐渐地，线上论坛和博客为声音设计师们、教师和理论家们提供了一个机会来讨论声音理论和实践。存在很长时间的 Yahoo 讨论组，为从业者们提供了一个空间，来讨论他们同事们的作品和实践。新的关注声音的博客在成功地向这个方向扩展，如《声音设计：声音设计的艺术与技巧》（*Designing Sound：Art and Technique of Sound Design*）[尹萨扎（Isaza），2012]，将从业者的文章、技术性的指导手册都收集进来，还有向初学者和富有经验的从业者提供的视频，可进行风格对比和处理。经常会有当代从业人员来做客，他们在文章或访谈中详细讨论他们的作品，在线回答问题，在回答问题的环节更深入地探讨特别的手段和处理的根本原理。还有着眼于有名声、其他有趣以及有影响力的业界人物，例如安·克洛伯（Ann Kroeber）、保罗·戴维斯（Paul Davies）还有罗伯·布里奇特（Rob Bridgett），可能有长达一个月的专题，内容有扩展的访谈，为博客读者解答问题，还有特别的声音从业者写的文章等。[13]

总结

　　在声带上看似明显或不言而喻的就是那些被设计得看似非常自然的声音。即使有明确的含义，例如对话中的语言、声音，还有其他特别的处理方法含有附带的信息，这些信息可能被观众有意识地认识、凭直觉感知、部分感知或被忽略，这取决于观众及其他社会、文化和历史的因素。声效和音乐通常含义丰富，但难于分析，因为它们经常被忽略。其他时候，对声音元素的设计也被隐藏，作为不介入的表达，好像越过了被拍摄的事件，直接到达了观众。所采用的模仿手法意图将对意义的操纵和变化赋予其他手段，例如，表演、导演、剧作或摄影。

早期电影声音的双重目标可被归结为诱导性的影像和声音的可懂度。后来，电影给声带增加了其他任务。玛丽·安妮·多恩（Mary Ann Doane）强调了声音在创造环境气氛和情境中的作用：

如果视觉意识形态要求观众将影像理解为现实的真实表达，那么听觉的意识形态则要求同时存在不同的真实，即存在另一种需要把握的真实的秩序。在声音技术人员们讨论声音的话语中，"情境"或"气氛"这些字出现的频度，例证了另一种真实的重要性。最明显的就是对声音轨和声效轨所构建的特殊"情境"的运用。

（多恩，1980b，49）

这一任务，无论有意还是无意，都被从业者们在声音实践的各个领域完成着。"气氛"（atmosphere）这个词被用来描述一种声音的类型，虽然在银幕上没有实际的声源，但是在为创造某种影像或同步声被包含其中的感受时非常重要。它是一种经过特别设计创作的情境或感受。换句话说，实际的声音本身相对于它产生的情感来说并没有那么重要。声音仅仅是希望得到结果的载体。无论我们关注于声音类型及风格的宏观层次，还是关注于音乐段落中个别声音元素的微观层次，以符号为基础的分析有助于阐明具体声音表现的方法，以及它们是如何明确或暗示，明显或隐藏地通过声带中的元素把含义传递出去并被观众接受的。

注释

1. 即使事件与产生的声音有少许差异，如来自远距离物体的回声或在大型教堂中的混响，一旦它过去了，它也就不会再回来。

2. 有迹象表明马可尼（Marconi）不是唯一发明无线电的人，另外还有尼古拉·特斯拉（Nikola Tesla）、贾格迪什·钱德拉·博斯（Jagadish Chandra Bose）及其他人的主张。同样，对于电话的最初发明者也有争论，安东尼奥·梅乌奇（Antonio Meucci）和伊莱沙·格雷（Elisha Gray）两人在贝尔（Bell）成功申请专利之前都发明了电话 [（芬恩），2009]。至于留声机，其他发明人也都制造了录音装置，但爱迪生（Edison）的装置可以重放声音。

3. 这也意味着我们可以把其他形式的数据变成声音数据。这个领域即所谓成音化（sonification）或音频化（audification）[参考唐布依斯（Dombois）和埃克尔的著作，2011]。

4. 确实，声音悲观的前景在题为《新的拉奥孔：艺术化的混合与对话电影》（*A New Laocoön: Artistic Composites and The Talking Film*）的论文中很突出，其参照了 G.E. 莱辛（Lerssing）1766 年的论文《拉奥孔》（*Laocoön*）而作，后者强调了绘画与诗歌之间的差异 [戴里·瓦奇（Dalle Vacche），2003，166]。拉奥孔是希腊神话中的一位特洛伊祭司，他试图阻止他的同胞将希腊木马拖入城中。对于爱因汉姆（Arnheim）来说，电影愚蠢地接受了声音这个礼物。

5. 维他风（Vitaphone）是由华纳兄弟娱乐公司开发的与画面同步的声音系统。虽然用来为《唐·璜》（*Don Juan*，1926）提供同步声音，但是华纳兄弟娱乐公司制作的第一部部分有声的电影《爵士歌王》（*The Jazz Singer*，1927）更出名。

6. 虽然这些术语经常互换使用，但实际上画外音和旁白不同，特别是在纪录作品中，这里 "画外音是由没有出现在画面中的被采访的人物说的。而旁白通常是在棚内录制的，与现场录音没有直接关系" [珀塞尔（Purcell），2007，347]。

7. 第二个问题是声音是一个仍然存在很多术语和模糊概念的领域，每个人都可以看到，我长期以来的研究也旨在明确这些模糊不清的概念。但是，在研究人员和知识分子之间，我们是否过于沉迷于这种含糊不清的概念？确实，他们会抱怨词汇量太少，无法指定声音，但从没想过使用他们语言中确实存在的更精确的词——这些词当然不能说明一切，但还算令人满意。而且不像 "噪声" 或 "声音" 那样笼统。

8. 羽管键琴，无论击键轻重，其发出音符的音量都是相同的，而古钢琴和以后的现代钢琴使用的敲锤可依据按键被弹下的力度来控制音量大小。虽然乐器外表看似差不多，但羽管键琴因为音量单一，得依赖快速的巴洛克风格来使音乐有趣，而钢琴的音量可以形成差异，使新式音乐表现更丰富。

9. 但这种混录方式使用得较少。虽然可以为观众从任何方向定位声音（或至少任何有扬声器的方向，或沿着相邻的两个扬声器之间的位置），但如果它会破坏银幕上发生的故事的沉浸感的话，不要轻易这样做。典型的做法是，非叙事因素的声效会出现在幕背后的扬声器之外的其他扬声器中，除非是故意这样做，例如《幽灵的威胁》（*The Phantom Menace*）中飞梭大赛段落飞过头顶的效果。虽然沃尔特·默奇（Walter Murch）在《现代启示录》（*Apocalypse Now*）中第一次使用可为观众创造包围的声景的环绕声，但一贯的做法是在长场景的制作中不会出现令人感觉得到的声音，避免在声画之间产生脱离感。

10. 杜比在那年也把总部设在旧金山，那个城市也是弗朗西斯·福特·科波拉（Francis Ford Coppola）和乔治·卢卡斯（George Lucas）的活动幻镜（Zoetrope）公司的基地。

11. 值得注意的是，法语的原标题是"Notes sur le Cinématographe"，Cinématographe并不是指英语中的"cinematography"，后者只关注影像。虽然有时译作"给摄影师的注意事项"，但"Cinématographe"指的是电影制作业的整体。

12. 后来在：《声景：声音学校讲座》（1998-2001）[塞德（Sider），弗里曼（Freeman）和塞德（Sider），2003]中进行了修订和重新发布，并以更新的形式命名为《声音剧本创作》[汤姆（Thom），2011]。

13. 保罗·戴维斯（Paul Davies）因与林恩·拉姆齐（Lyn Ramsay）合作而知名[《捕鼠者》（*Ratcatcher*）、《默文·卡拉》（*Morvern Callar*）、《我们需要谈谈凯文》（*We Need To Talk About Kevin*）]。安·克洛伯（Ann Kroeber）是艾伦·斯普莱特（Alan Splet）的合作人和搭档，与斯普莱特和大卫·林奇（David Lynch）合作过几部影片[《象人》（*The Elephant Man*）]。

第 4 章

作为符号的声音

　　如果在电话中听到一个熟悉的声音，我们同时会做几件事，我们把这种声音认作熟悉的声音，即使它明显与真实的声音不同，比起自然的声音它经过滤波，即使只有3~4个倍频程的带宽，我们也会立即理解对方所使用的语言和说出口的每个字。即便有混杂的声音，我们仍然可以听懂对方的言语，其中我们可能没听清个别字，但从前后语中我们可以猜测丢失的字。同时，我们也能够评估人声中包含的其他信息，而不仅是说出的文字本身的意义。我们可以判断出对方是否紧张或高兴、是否和他人在一起、是否故意隐瞒什么。这一过程是自然而然的，没有片刻的思考。

　　那么，我们如何解释这种能力的来源呢？想一下我们初次认识一个人的声音时是怎样的，或这一认识过程看上去是怎样的。思考一下，当我们听到一个熟悉的声音或不熟悉的声音时发生了什么：我们有把它和我们听到过的声音的心理记忆进行比较吗？在我们听到一个声音的同时看到了什么东西？或什么人在运动时发生了什么事情？在前面的部分中，我们简要介绍了感知。感知的主流观点是，我们并不是直接通过感觉直接感知真实，而是通过建构真实的模型。如同人造神经网络，我们的数据集在出生时基本上是空的，我们必须逐渐在感觉给予我们的新信息和已有的信息之间建立连接，同时创造观念。

符号的重要性

　　古代哲学家柏拉图（Plato）和亚里士多德（Aristotle）认识到符号的重要性，几个世纪后奥古斯丁（Augustine）和约翰·洛克（John Locke）重新论述了这个话题。到20世纪初，两个符号学模型（符号研究）被确立。[1] 在瑞士，语言学家弗迪南·德·索绪尔（Ferdinand de Saussure）创建了关于语言结构的理论，他的课程讲义在他去世后作为《普通语言学教程》（*Course in General Linguistics*）（索绪尔等人，1960）出版。这个讲义非常有助于欧洲电影学者分析电影。大约在同一时间，美国的查尔斯·桑德斯·皮尔士也创建了他的有关符号的理论。

　　那些怀疑符号对分析或描述我们的世界是否有用的人，可以停下来问问是否有其他选择，符号学家丹尼尔·钱德勒（Daniel Chandler）从文献中借用了一些范例来研究这个问题（钱德勒，2011）。更新奇的是，例如乔纳森·斯威夫特（Jonathon Swift）的《格列佛游记》（*Gulliver's Travel*）中呈现的是与拉加多（Lagado）同名的旅行者遇到的一个场景，他们的语言学教授通过去掉动词和分词的方法来寻求改进，因为除名词外其他都可以想象。但是这个宏大的计划所面临的问题是直接代表我们周围物理事物的字词本身的不足。格列佛报告了他们提出的新奇观念：

一种完全废除所有字词的计划；从健全与简洁的角度来看，这一计划具有强大的优势……因为字词只是事物的名称，对所有人来说不难携带这些东西，这些（东西）是他们要表达所谈论的具体事物所必需的。

但对于简短的谈话，一个人可以在口袋里或在腋下携带一些工具，就足以支持他；在他的住所，他则不会不知所措。因此，在实践这种技巧的公司会议室里，就充满了各种东西，随手可得，这些东西对这种非自然的交流方式来说是必须配备的。

［斯威夫特（Swift）和罗斯科（Roscoe），1841，50］

不使用字词来描述心理概念，建议替代物是完全实际的、物体的物理代表物，通过使用它们来进行交流。斯威夫特讽刺地回应那些批评家——那些认为我们只能使用浅显易懂的语言而不是通过象征的语言来表达我们意思的观点，后来在刘易斯·卡罗尔（Lewis Carroll）的《爱丽丝漫游奇境·镜中世界》（*Through the Looking Glass*）中得到了回应。爱丽丝（Alice）被矮胖子对字词的使用迷惑了，那些字词她先前认为有固定而且统一的含意。[2]

"当我用一个词语时，"矮胖子以一种轻蔑的口吻说道，"它的含义就是我决定的含义——恰如其分"。

"问题是，"爱丽丝说，"你是否可以使字词代表这么多不同的事物"。

"问题是，"矮胖子说，"谁是主人——仅此而已"。

（卡罗尔，1911，211）

虽然，卡罗尔和斯威夫特写的是小说，但随后的语言学家和哲学家非常严肃地对待他们的作品。许多人，包括索绪尔论证道，语言的特征比起先前的思想更具传统性和延展性。把自己的交流减少至只与我们周围的物理物质相关的程度当然是非理性的。但是，正如格列佛非同寻常的境遇一样，构成拉加多的语言学教授计划的基础有一个逻辑：

这个发明所提供的另一个极大的优势就是它可作为一种通用语言，它可以被所有文明的民族所理解，因为他们的商品和用具一般都是同类型或相似的，所以这些商品和用具的用途可以很容易地被理解。同时驻外大使都可以直接面对外国的王子或国务卿，面对那些完全陌生的语言。

（斯威夫特和罗斯科，1841，50）

缺乏与世界交流一直是其他作家的问题。道格拉斯·亚当斯（Douglas Adams）在他的《银河系漫游指南》（*The Hitchhiker's Guide to the Galaxy*）中描述了一种像水蛭一样的翻译器，叫做巴别鱼（Babel），可以被放置在一个人的耳朵里，它可以听懂世界上的所有语言（亚当斯，1979，49-50）。显然，使用一种"共同语言"（common tongue）[使用一个在《权力的游戏》（*Game of Thrones*）中有了新意的旧措词] 来交流是最受欢迎的了，但也许不尽然。反之，我们可以将重点放在更好地理解符号系统中符号的结构上，因为声音设计师会创作有意义的非语言声音，期待观众能理解其含义。这里潜在的符号系统的结构，无论是如正式语言一样的复杂结构，还是非口头语言的符号都可以被研究，看它是否（如果是的话，情况是怎样的）可以给我们展示出关于如何使用声音的某种用途，还有声音如何能够被理解的。

写作语言和口头语言

如果看写作语言，同一个字的两种写法可能就字词本身来说，含义没什么差异，但文字形成的外形可能会给前后文带来一些不同的理解。[3]

Hearth hearth HEARTH *hearth* **hearth** ~~hearth~~

　　以上这些都是同一个词，但是它书写的风格（或相似，或不同）可被用作我们如何在其上下文中去理解它的线索。对于多数写作来说，无论线上、报纸、书籍，一旦选定字体之后就没什么变化了。偶尔会出现一种新字体，如 Times New Roman 或 Calibri，然后就被用作所有类型写作的载体。[4] 在书面英语中，有 26 个字母和一些补充的字符用作标点。在英语口语中，也有某些语言所规定的限制：

　　虽然一种在使用的、自然语言的词根数量是无限的，并且可以持续增加，前缀和后缀的数量很多但有限，一种语言中音位的数量（音位的存量）也很有限，每种语言的音位数量为 12~16 个。这意味着，语言符号是由数量有限的元素、音位存量构成的，它用来区分含意，但其自身则没有含意。换句话说，语言符号是由非符号构成的。

[约翰森（Johansen）和拉森（Larsen），2002，45]

　　口语中，人们说出字词的同时，又有着独特的噪音和通过他们的嗓音表达自我的方式。从嗓音中可以收集大量的信息，但人们的特征也会被嗓音出卖——性别、大概的年龄、民族或归属地、政治或性别倾向、教育程度、阶级等。许多类似的我们可以从嗓音中确定的事，可能都来自于人们过去的经验和习惯，许多信息也可能是错误的。无论如何，我们都会利用人声给予我们的具有像征性、指示性的表达作为额外的信息，还有字词本身象征性的含意。很少有完全中性的嗓音，或只是为了表达一种中性的思想（1950 年 BBC 播音员，GPS 导航的语音），其他人会立即辨认出这声音较之其他人的独特性。

　　如果我们将一种语言与声音在其表达形式上进行比较的话，我们可能很快会发现声音的多样性远远超过单独用语言能够传达的内容。但是，我们也会知道，在口语中嗓音为字词添加了富有意义的层面，这一点任何演员都非常清楚的。书面语言的标准化（字母、字体、标点等）与口语无限多的变化形成了对比。一些简单的对比，如孩子的声音与成人的声音，或男性的声音与女性的声音，形成言语的声音大不相同，其中还包含其独特的含义和语境的差异。想象一下我们朗读一个简单句子，如以下这句。

You liked what I did.

现在在脑海中读几遍它，每次重音落在不同的字上。依据在特殊单词上突出的重音和语调的变化，文字的意义也会发生改变，在许多情况下会变成问题而不是陈述句。

You liked what I did. [you, of all people]

You *liked* what I did. [I can't believe anyone would like that]

You liked *what* I did. [...but maybe not when I did it]

You liked what *I* did. [You noticed me?]

You liked what I *did*. [...but not what I am doing now?]

每一种口头语言都至少有两个不同的符号学层次，它们都具有潜在的含义：首先，实际编码的语言本身——文字、词语、句子等顺序和含义。第二，包含在说出文字的说话者的嗓音中的语境信息，它可能为说话者本身提供大量的补充信息（性别、年龄、情绪），还有实际的信息内容。同样想象一下对于听者并不熟悉的语言的两个层次（语言的文字和作为语言载体的嗓音）。这里字词本身可能不容易被解码，但是说出的声音仍然具有含义，这可用于帮助听者确定被说出的内容的某些意义，或确定说话者本人的情绪。

作为符号的声音

现代符号学奠基人——索绪尔（瑞士）、皮尔士（美国），他们各自独立地描述了符号的基本属性，他们的著作几乎同时出现。在《普通语言学教程》中，索绪尔提出一种简单的两部分（二元）符号结构，即能指与所指之间的关系。最重要的是，他分解的符号不是简单的“事物”的“名字”，而是一种“声-形”（sound-image）概念（1960，66）。索绪尔也描述了语言符号的一个基本重要特征：他们是任意的。例如，英语和法语中的词“dog”和“chien”指的是同一种动物。索绪尔将语言看作任意符号系统的理想范例：“这就是为什么语言是最复杂，同时也是所有表达系统中最普遍的、最独特的；从这个角度来说，语言学可以成为所有符号学分支的原始模型，虽然语言只是一个特别的符号系统"（1960，68）。

索绪尔也指出了在语言中使用符号的自相矛盾的地方，它们既固定却也总是在变，体现出不变性和可变性（1960，72-76）。它们的不变性指符号在个体层面是固定的，但其可变性是指语言的变化和演变。索绪尔将语言分为语言（语言体系）和言语（口头语言），因此，强调了语言的说出者而非听者。

西奥·范·勒文（Theo van Leeuwen）对哈利迪（Halliday）的社会符号学的改造可能是索绪尔符号学对于声音的卓越实践。在《讲话　音乐　声音》（*Speech，Music，Sound*）中，西奥·范·勒文宣称其目标是"探索讲话、音乐和其他声音之间的共同基础"（范·勒文 1999，1），但他并没有使用主流音乐学和语言学的语言。但是，范·勒文承认使用这种方法也很困难：

> 因此声音符号学不应是密码本形式的，而应采用西方文化历年来的积聚，以及当下的经验形成的声音宝库的注释目录的形式。声音符号学应该把声音描述为符号的资源，提供给用户大量丰富的符号供其选择，而不是用规则手册告诉你应该怎么做，或如何"正确地"使用声音。
>
> （范·勒文 1999，6）

虽然"注释目录"很有用，但它并不能引领我们在理解声音如何作用这条路上走得更远，也不会让我们进一步了解从业者在进行声音设计创作或进行声带创作时如何做出决策。"密码本"不必有规则，但能够提供语言和可以应用于任何使用的声音的概念范围。范·勒文的方法既具有独创性又有广泛性，但不够具体和明确，不容易被用来分析声音设计的理念或实践。我们需要的是一个体系，可以用来进行声带元素的分析，单独的声音以及与其他元素——声音和画面的合成的分析。

与索绪尔的二元符号论相比，皮尔士建议由三元（三合一）符号结构来描述：再现体（representamen）或能指（符号的载体，符号的形式），对象（被代表的事物）以及解释项（interpretant）（头脑中的符号或"接受端"，对象是如何被理解的）之间关系的本质。他强调思想（idea）和符号之间的差异："符号通过其随后的解释获得其含意"[皮尔士和胡普斯（Hoopes），1991，7]。因此，他不是简单地着眼于符号，而是关注符号或意义的产生过程。索绪尔的理论集中于语言符号，而皮尔士的理论围绕着任何类型的符号，包括自然符号。对于皮尔士来说，对一个符号的解释并不一定是这个过程的结束，也许是另一组符号的开始，解释项（interpretant）构成了另一符号的再现体（representamen）等。

安伯托·艾柯（Umberto Eco，1979，69）发展了皮尔士的理论，一个符号可以引发另一个符号，他把这一过程叫作"无限衍义"（unlimited semiosis）。沿着皮尔士的基础工作，艾柯宣称"任何向人传达，或人与人之间，或任何其他智慧生物或机械装置之间的交流行为，都是以一个表意体系作为其必要条件"（1979，9）。而且，符号不必被有意发出，相比之下被有意解释的要多些。艾柯也描述了符号的多义性，它取决于读者／释者对符号／文本的解释，相同的符号／文本可能有多种解释。

皮尔士的符号学模型，具有允许更全面检查声带和声－画结合的关系以及上下文相关的含义的潜力。这些包括，但也不限于对话声音中由文化决定的信息（这些可被认为是天生固有的），从其语调、权威性、语速、口音、音量、精确度等方面进行分析。虽然一个不熟悉的声效的确切来源不为所知，然而它可能包含其声源的潜意识的线索，它会使我们按照以前曾经经历过的方式来理解我们正在体验的声音。

符号学和声音分析

传统的符号学电影理论很少注意到电影声音实践，即使按逻辑来说应该包括这一领域，因为声音是电影体验的固有组成部分。电影一直被有意地定义为视觉媒介，视觉一直是电影分析的首要着眼点。这一直是因为先有的影像，再有的声音，因此，声音不可能是电影的基本元素（奥尔特曼，1980a）。奥尔特曼已揭示了支持电影作为"视觉媒体"的几个谬误。电影批评的其他方面就是符号学电影理论，它运用索绪尔的研究方法，需要将一种语言的模拟应用于电影 [麦茨（Metz），1974a]。这不可避免地导致用语言学的术语进行电影表达，应用代表语言单位的分级元素，如影像为音位、镜头为字词、场景为语句或短语等。这也意味着声带一直被有意地忽略了，因为用语言学的术语很难描述声音。这需要对批评家如何采用索绪尔的符号学框架应用于电影进行近距离的观察。

　　经典的电影文本分析倾向于分离元素并安排影像，从静止影像到文本整体，即，画格—镜头—场景—段落—普通阶段—作品整体（Iedema 2001，189）。通过比较，在哈利迪的社会符号学语言理论中（1996，23-29），元素被转换为电影的文本术语，为了分析信息被接受的方式：文本—情境—语域（register）—编码—社会结构。格雷戈里·卡里（Gregory Currie）（1993）论证了反对将以语言为基础的方法用于电影的观点，他的观点的根据为电影的表意方式与源自语言的表意方式并不相似。以语言为基础的方法回避了一些基本问题，如电影中的影像表达含意的方式是否可以对应语言中以字词和语句的形式表达含意的方式。确实，在经过这么多年努力将语言学这个"方形塞子"适合电影这个"圆孔"，看起来对以语言学为基础的研究方法的热情正在衰退。但是，它在电影理论话语中仍具有影响力，部分是因为巴赫金（Bakhtin）的"复调"理论（heteroglossia）[巴赫金（Bakhtin）和霍奎斯特（Holquist），1981] 的影响，以及在语言系统和对于话语的新强调之间的差异，因此形式与结构产生了区分。

　　虽然，对于视听作品的视觉分析有用，解释多重组合（multiple paradigmatic）和多重聚合（multiple syntagmatic）也有效，但是源自索绪尔的方法不适用于声带的创作、剪辑和混合的无数方法的分析。与书面文本不同，在很大程度上对于视听媒体的影像部分来说，声带通常包含多重同时存在的信息流，而不是一个利落的结束后由另一个取而代之的单一流，通常不是其看似简单的表达。

　　它也没有提供一种解构声音运用方式的方法。层次不可避免的分级属性没有被认为是声带的不变要素，或当音乐出现或消失时出现的变化。视觉和听觉之间的差异性也有考虑，声音不能被限制在一个停止的像一帧一样的时刻，因为声音只能以流的一部分的形式存在。它不能在时间中停滞，如影像那样捕捉某一时刻，或表现某一时刻。这种模型也未提及视听作品的同步或非同步元素。

查尔斯·桑德斯·皮尔士的符号系统

在约翰·洛克（John Locke）的著作《人类理解论》（*An Essay Concerning Human Understanding*）（1690）中，约翰·洛克建议科学可以被分为三类：第一类，物理学是有关事物的知识，有关它们的属性和运用，他称之为"自然哲学"；第二类，实践——符合伦理地运用我们的力量和行为的技能；第三类，他称之为"符号"（Semeiotike）：

符号的学说——最常见的就是关于文字，也被恰当地称作逻辑（Logike），其任务就是思考符号的本质，头脑运用它们来理解事物，或向他人传递知识。因为心灵思考的事物，除了它本身之外，都不呈现给理解，必须有其他作为符号或表象的东西被呈现给理解——这就是思想。而由于构成一个人思想的场景，不能直接呈现在另一人面前，也不能置于除记忆这一不太可靠的存储处之外的其他任何地方；因此，为了与他人交流我们的思想，以及把它们记录下来为自己所用，我们思想的符号也是必需的：人们所认为最为方便、也是最常用的就是音节清晰的声音。作为伟大的知识工具，对思想和文字进行考察，是任何希望全面地看待人类知识的人所不应在其思考中轻视的。而如果它们被特别地关注、充分地思考，它们或许会在我们所熟知的方法之外为我们提供另一种逻辑和批评方法。

[洛克和弗雷泽（Fraser），1959，第21章，第4节]

其他哲学家继承了洛克的思想，但没有人到查尔斯·桑德斯·皮尔士的程度。[5] 虽然索绪尔将符号学看作语言学的分支，但皮尔士的符号学模型实际上是一种可以解释一切的尝试，其雄心和目标为：

创造如亚里士多德一般的哲学。就是说，建构出一种全面的理论，以致于在未来很长一段时间里，人类理智的全部工作，在每个流派、种类的哲学、数学、心理学、物理科学、历史、社会学中，以及任何其他学科中，都将作为其细节的补充出现。

（皮尔士等人，1982，6.168-69）

显然，在这种大胆的主张中，皮尔士面临着惊人的有关傲慢的指责，但这般疯狂是有方法的。皮尔士在描述他的意图时并没有偷懒，这是一种真诚的努力，来创造一个"哲学大厦，将超越时间的沧桑变换"[《对迷的猜测》（*A Guess at the Riddle*，1887-1888，皮尔士等人，1982，6.168]。

可能有一些人，已经注意到他们在智力领域内，原创的先锋工作有如此多样性。天才的原型闪现在脑海里，达·芬奇（Da Vinci）智慧的好奇心引领他去往任何地方。皮尔士在其努力之下大踏步地向前走，他终有一天会与此杰出人物为伍。

谁是迄今美国产生的最有创造力和最多才多艺的智者？毋庸置疑，答案是查尔斯·桑德斯·皮尔士，并且任何排第二的人都相差太远。他的身份包括数学家、天文学家、化学家、测地专家、勘测员、绘图员、计量学家、频谱学家、工程师、发明家；心理学家、语文学家、词典编纂者、科学史学家、数学经济学家、终生医学生；书籍评论家、符号学家、逻辑学家、修辞学家和形而上学家。有些范例可以说明，他是美国第一个现代实验心理学家，第一个将光的波长作为测量单位的计量学家，地球梅花投影的发明人，第一个为人所知的电子开关电路计算机的设计和理论的构想者，以及"研究经济"（the economy of research）的奠基者。他是全美唯一系统建构的哲学家，在逻辑学、数学和广泛的科学领域具有竞争力，著作丰富。如果说在整个哲学历史上有任何可以与之相提并论的人，他们的数量不超过两个。

[出自西比奥克（Sebeok）的书，麦克斯·费什（Max Fisch），1981，17]

皮尔士智慧成果的列表令人印象深刻，但他在个人生活上不是完全没有问题。[6]尽管在生活中有个高起点，跟随他哈佛大学的数学、天文学教授的父亲，本杰明·皮尔士（Benjamin Peirce），但皮尔士后来受到"面部神经痛"的折磨。这种致残而令人痛苦的慢性病就像尖利的电击一样刺痛着他，现在被认为与精神病有关。他忍受着许多丑闻的折磨，又树敌很多。尽管其个人生活上的麻烦诸多，符号的主题始终贯穿在其思想生活中，是他经常从事的研究内容。

皮尔士写下了很多出版和未出版的材料。[7]他的写作涉及许多主题，包括物理科学、数学（特别是逻辑学）、经济学、心理学和其他社会科学，但自始至终都会回到符号学领域。他意识到他所有的工作都与对符号学的研究有关，他说："正如所有的思想都是符号的事实，与生活是一种"思想列车"（train of thought）的事实结合起来，证明人就是一种符号"[皮尔士，哈茨霍恩（Hartshorne）和威斯，1960，5.253)]。皮尔士持有广泛的符号学（pansemiotic）的观点，这种观点认为我们被符号包围着，同时我们正是通过符号来理解世界："整个世界充满着符号，所有事物几乎都是由符号组成的"（皮尔士，哈茨霍恩和威斯，1960，5.448）。

对于皮尔士来说，无论头脑里在思考什么，都只是一种表象，是一种即刻的常识，但同时又具有惊人的差异性。在他早年有关符号的、标题为"四种无能力的某种结果"（皮尔士等人，1982，2.213）的论文中，他指出了其与符号的不解之缘的重要性，以及他对符号的研究。依次列出各项"无能为力"：

（1）我们没有内省的能力，但所有内心世界的知识都源自我们对外界事实知识的假设推理。

这暗示了一种理解世界时假设运作的基本重要性，而不像笛卡儿（Cartesian）模型，将思想理解为直接的感知。反之，对于皮尔士来说，思想来自对外部世界的解释。

（2）我们没有直觉的能力，但所有认知都具有逻辑性地取决于前面的认知。

对于皮尔士来说，没有完全新的认知或思想。反之，每种思想都是一系列思想中的一个，依据它我们理解世界。认识是一个过程，皮尔士使用"思想列车"（train of thought）的比喻来描述这种连续的过程，其中"前一种思想向后一种思想暗示一些东西，即将某种符号传递给后者"（皮尔士等人，1982，2.213）。

（3）没有符号我们没有感知的能力。

这里，皮尔士明确地主张，符号是理解世界绝对的基础，我们不是直接体验外部世界的真实，而是间接地体验。我们的眼睛给我们一个符号，我们的耳朵以及所有其他感官也同样，我们通过它们感知世界。这就是皮尔士非正统主张的含义，我们对我们自己来说也是个符号（皮尔士，哈茨霍恩和威斯，1960，5.253）。

（4）我们对绝对不可认知的事物没有概念。

对于皮尔士来说，不仅含义和认知直接相关，而且不可认知可能没有含义的事物，因为它不能被感知。

皮尔士符号学的某些观点与索绪尔的观点在广泛意义上相似，这是可以理解的，因为他们的观点都基于几个世纪以来有关符号的古老思想。两者之间主要的差异在于，皮尔士的模型是一种"通用体系"——即可以应用于任何类型的符号。对于我们来说这很重要，因为这意味着皮尔士模型可被应用于任何类型的声音，就像它可以应用于任何类型的符号系统，如地图、交通信号灯、数学或气味。

普遍范畴（universal cotegories）

为了给他的符号体系建立一个框架，皮尔士重新考虑关于范畴的概念，所有事物都是可以用斯特劳森（P.F.Strawson）所谓的"描述的形而上学"的观念来描述，与描述概念化世界结构的一般特征相关（Strawson 1959）。实质上，它试图回答的最基本的问题是："那是什么？"

为了理解皮尔士的普遍范畴体系意味着什么，就要关注要被皮尔士的范畴体系替代的亚里士多德和康德（Kant）的范畴体系。[8]亚里士多德将世界分为（存在事物的分类，或者说我们可能感知的事物）10 种范畴。康德也提出了一个范畴列表，包括 4 类范畴，每个范畴 3 个层次，但他把任何物体都想象为一种属性或特征。虽然承认可能有其他例外，但皮尔士寻求界定 3 种基本的现象学范畴，他称为普遍范畴：第一性（Firstness）、第二性（Secondness）和第三性在（Thirdness）。这种普遍范畴源自 3 种现象学概念。第一性：事物的直观特质（存在状态）；第二性：事物的参照物（另外某种东西，状态符号）；第三性：符号的抽象范式或法规，使第二性和第三性产生关联。

乍一看皮尔士的范畴并不精确，简直没什么用。其范畴的名称——一级存在（Firstness）、二级存在（Secondness）、三级存在（Thirdness）——只会使理解更模糊。但是，它们对于他创造的体系是至关重要的。皮尔士首先正式地在他的文章中将它们概述为"一种新范畴列表"（1867），他终其一生都在继续研究它们。当他同时代的威廉·詹姆斯（William James）祝贺他体系的怪异性和独创性时，皮尔士似乎被冒犯了：

说我的 3 种普遍范畴有怪异之处令我相当恼火；因为它们并没有令人困惑之处，人们开始思考时就立即谴责它们。为了让 3 种普遍范畴如在自然状态一般清晰明确不是容易的事。我不敢假设它们在我们头脑中就是清晰明确的，很明显其本质就不像日常概念一般明晰。但我会在努力得出一个简明的陈述之前，为其做些事情。

（皮尔士，哈茨霍恩和威斯，1960，8.264）

在《第一性、第二性、第三性：思想和自然的基本范畴》（1995）中，皮尔士进一步规定了这些分类：

那么，看起来真正意识的范畴是：第一性，感觉，即刻就有的知觉，对性质的被动知觉，没有认识或分析；第二性，一种进入知觉领域的间断感，一种外在现实，另一种东西的阻力感；第三性，合成的意识，将时间叠合，学习的感觉，思想。

（皮尔士，哈茨霍恩和威斯，1960，1.377）

在 1904 年的另一种定义中，他描述的 3 种范畴似乎更明确了一些：

第一性，存在的模式，自在的存在，很明确没有任何其他事物参照。

第二性，存在的模式，自在的存在，关联到第二事物，但没有关联第三事物。

第三性，存在的模式，自在的存在，将第二事物和第三事物相互关联起来。

（皮尔士，哈茨霍恩和威斯，1960，8.328）

如此，第一性有一种不加考虑的感觉，具有直接性或潜在性。第二性，是一种与其他事物的关系，一种对比，一种体验或行为。第三性，是一种中介、综合、习惯和记忆 [诺思（Noth），1990，41]。鉴于皮尔士自己定义的多样性，他人可能很容易曲解他的意图，冒着过于简单化定义的风险，我们也可以这样说：

第一性给人一种有关事物的未经处理的感觉，是天真的，未经分析的；

第二性是一种对原因或关系的理解或认知；

第三性是一种结合、中介或综合。

第三性是由存在于符号中的 3 种元素，对象、其能指及对符号思想的解释相互作用产生的感觉：“在其真实的形式中，第三性是存在于一个符号、对象和解释思想之间的三合一的关系，其自身为一个符号，被理解为构成一个符号的存在模式”（皮尔士，哈茨霍恩和威斯，1960，8.328）。因此，在皮尔士的模型中，符号是第三性的现象。第三性也产生如语境、含义和意义的概念。

我这里提及的属于音位（rhemata）3 种形式的概念是第一性、第二性和第三性。第一性，或叫自发性；第二性，或叫从属性；第三性，或叫中介（mediation）。

（皮尔士，哈茨霍恩和威斯，1960，3.422[9]）

如果想象千百年前生物的最简单形式，我们可能把它们想象为意识思维的开端。对于最简单的器官来说，生活只由第一性——原始的感觉构成，不与任何其他东西相关。也许，眼睛在它们的进化中仍处于简单的明亮和黑暗阶段，听觉还未进化，触觉、味觉还未产生任何可对其作出反应的信息。

符号的结构

皮尔士将符号定义为 3 个相互关联部分 [再现体（representamen）、对象（object）和解释项（interpretant）] 的组合。在皮尔士自己定义的术语里，“再现体”是用来描述符号本身的，与其指代元素或符号所指的对象相对。符号的某些方面可以与索绪尔模型的能指或查尔斯·莫里斯（Charles Morris，1971）的符号载体（sign vehicle）等同。[10]

> 符号是一个在大脑中代表另一客体的客体。
>
> （皮尔士等人，1982，3.66）

因为，皮尔士选择了不同的术语来表示与"represetamen"和"sign"相同的概念，且互相通用，本书为了明确概念，术语能指（signifer）将在讨论三合一符号实际的指代元素时，来代替不太熟悉的"represetamen"或"sign"。就我们讨论的目的而言，能指通常为一个声音。

是能指、对象和解释项之间的关系决定了符号将如何被解释。例如，在看到黑烟从一所房子升起时，你会认为那所房子里有火。烟是能指，火就是其对象。解释项是在接受信息的大脑里符号产生的影响——烟与火之间的联系，因此我们认为房子里有火。

另外一个例子，就是盖格（Geiger）计数器在探测放射性物质的存在时，声音或视象的输出。放射性（对象）的存在是通过可听见的咔哒声或计数器（能指）的视象输出来知晓的，这是为了产生解释项（附近有放射性物质存在）。对象是在符号中呈现的。符号的对象不需要物理的客体，而只是简单地被呈现的事物或所指（signified），它可能是一种观念、一个人、一个有生命的客体、一部电影或任何其他的东西：

> 对象可以是任何想象的东西。
>
> （皮尔士，哈茨霍恩和威斯，1960，8.184）

对象决定能指。解释项本身的作用是下一步三者组合的能指，同时符号的指代是永不停止的过程，其中每个解释项又作为下个符号的符号载体：

> 解释项是符号经过头脑思考推理的结果，是符号的含意或释义。
>
> （皮尔士，哈茨霍恩和威斯，1960，8.184）

产生解释项的能力需要经过头脑的思考推理。皮尔士建议增加一种新类别的推理，添加到现有经典的演绎和归纳推理分类中，这种推理他称为诱导（abductive）推理。诱导（abductive）推理是逻辑推理中的第一步，它首先设置一个假设作为进一步思想的基础：

所有科学观念的出现都经历过诱导推理。诱导由对事实的研究和设计出的一种解释它的理论构成。唯一的理由是，如果我们真的要理解事物，方式必定如此。

（皮尔士，哈茨霍恩和威斯，1960，5.145）

诱导不是仅适用于科学领域。它从我们出生，就开始作为我们理解世界的方式。如果可能的话，你想象一下，一个新生儿最初几天的思维过程：那张脸是什么？那声音是什么？那声音来自那张脸吗？那是什么意思？那个人是以前那个人吗？哎呀，疼！如果再那样的话会不会再疼？是的。如果我哭的话那个人会帮助我吗？如果笑的话他们会喂我吗？显然，这思维的顺序可能不太正确，但是必然存在一个认知顺序，即婴儿从周围环境接收信息的过程。

诱导是太自然的事了，我们会认为诱导是自然而然的事。我们很少有意识地认为我们对要发生的事件有一种初步或临时的认识，否则我们永远都不能对任何事进行决定和判断。例如，任何社会互动或日常生活，如开车、骑自行车甚至走在任何城市的大街上，为了完成工作需要大量的这种诱导。凭一点直觉，我们就可以猜测其他人的动机、动作或预见他们将要采取的行动。

因此，问题是如何理解对象与符号之间、符号与解释项之间、符号与符号本身的表达之间的关系。对于皮尔士来说，"表达有 3 种：拷贝、符号和象征"（皮尔士等人，1982，1.174）。例如，假设在便道上画的人的脚印。脚印可以作为一种脚曾经在那里存在过的符号，但大小、颜色和其他细节则不然，脚印的存在是脚曾经在那里的能指。脚印起到一个符号的作用，作为脚的部分或鞋本身的代表，亦或是人行走的证据性的符号。脚印也可以象征性地指示脚印所指示的方向。例如，图案性的脚印给孩子指明去学校的路径或特别的上学路线，跟随它行走便不再需要文字的指示。

能指－对象关系的分类

如皮尔士的主张所言，对象决定它们的能指，能指－对象关联的性质限制或界定了能指的形式。这是一种基本符号的界限，能指和对象之间的关系如下。

图示（第一性）——当（能指－对象）关联是一种性质或属性时。

索引（第二性）——当（能指－对象）关联为关于存在的（概念）时。

象征（第三性）——当（能指－对象）关联为约定、习惯或规则时。

区分很少是绝对的，同时某种程度上在具体的符号中总是存在着每一种关系的元素。

图示——"图示"（icon）这个词对我们来说是熟悉的，但是先来明确皮尔士对于这里使用的图示的定义很重要。皮尔士一直对图示的定义进行着修订。视觉和音乐符号学家们不时地会采用皮尔士早期著作中对图示的定义，其着重点在于相似性。自 1885 年开始，这个图示的定义是比较典型的——"我将一个符号称为图示，这个符号代表某事物，只是因为它与其相似。图示可以完全取代它们的对象，因为很难与对象区分开"（皮尔士，1998，1：226）。但是在 1903 年，皮尔士使用了另外的，且更有用的图示定义，相似性的含义更少，更注重其特性或属性——"图示是个'再现体'（representamen），可以以其自身拥有的特性实现符号的功能，虽然其对象不存在，但拥有与其对象相同的特性"（皮尔士，哈茨霍恩和威斯，1960，5.73）；1904 年，他对图示的定义——"图示可用作符号，因为它拥有所指的性质"（皮尔士，1998，2：307）。

任何类型的"图示符号"可能都是临时的。

首先符号自身必须有些特性使其变得独特，一个字必须有区别于其他字的特殊发音；但这发音是什么样的并不重要，只要它可以区别于其他字。

（皮尔士等人，1982，MS 217：1873）

以简单的术语来说，如果我们将一个声音描述为图示性的话，就是说该声音必须有可听的性质，但它需要可以被判断为从一个具体的客体发出，或与某个具体的动作相配合；如果与其他声音相似但不可辨识的话，就是不可理解的，即我们就不能理解其含义。我们可以感知声音的基础或基本特性，但却没有含义与其相关。

索引（index）——当图示具有与其他任何东西相关的属性时，索引就拥有与其对象真正的关系了。它可以被看作具有一种指示的或证据的性质，因为除非它参照其对象，否则它就不能存在。以声音的术语来说，一个索引性质的声音指向其声源，它是产生它的对象或行为存在的证据。就像图示(icon)这个词一样，索引（index）开始于一些已有的理解。我们习惯于将索引作为对某事物的指南，就像本书索引一样是一个不同名称或主题的列表，有指向其所示书页的链接。

长期以来一致的观点为，照片大体上是索引性的，而绘画作品是图示性的。这一观点不完整，也不全面。任何位于照相机前作为拍摄对象的存在确实与照片中的影像之间为一种索引关系，但这只是照片可能具有的几种索引关系之一。照片与摄影师、使用的照相机、照相设备（机身及镜头）的视角、照相的时间及其他原因之间具有一种索引关系。确实，一张蓝图可以说与一幢大楼和其建筑有一种索引关系，就像肖像可与绘画的主题和艺术家有一种索引关系一样。

最简单的符号都有多重潜在的索引关系，鉴于可能在许多不同的环境之中观看影像，这就存在着很多的象征关系：

世间任何事物，无论是一张照片、一部电影、一幅绘画作品或计算机图形都是以无数潜在的方式二元地与世界（现实）连接的，每一种方式都可以成为一种索引功能的基础。这意味着假设照片比绘画作品或计算机图形更具有索引性是荒谬的，因为要计算某种东西起到符号作用的方式的数量是不可能的。

［列菲弗尔（Lefebvre），2007，228］

为了决定一个符号的对象，我们必须决定其用途，或其被运用的方式，因为它也许有多重用途。即便是最简单的声音，如一声敲门声——是某人在敲门的证据，或更确切地说，是发生了某种行为敲在木头上产生了这独特的声音的证据。要将其理解为敲门声，还需要进行某些处理过程。

象征（symbol）——对于有意图的敲击木头的声音，它需要被听众理解。那声音意味着某人在门的另一边，想让别人去开门。敲门的声音是对方有意的交流，它的含义必须要经过学习。没有自然的法则决定用指关节敲击木头会产生任何含义。它被理解是因为我们的习惯、法则或规则决定着对这声音共同的理解。两种基本形式的符号关系：图示（icon）和索引（index），如果没有某些相似概念或与事件的关联的话，单独存在相对来说没什么用。在盖格计数器探测放射性物质的例子中，我们可能知道"咔哒"的声音表示有放射性物质的存在，但用来传达信息的声音绝对与概念代表什么没有关系，只是一种习得的关联或习惯。

思考一下当我们听到声音但看不到发声对象也不知其含义时对这个声音的认知过程，我们可能从一开始就是按照对声音的认知路线来认知的，即在环境中自然声音的背景下它是具有某种含义的。我们可能开始听到一个声音，实际上这个声音没有含义，虽然我们也可能感知它具有的某种特征或性质。后来，我们也许通过与其他感觉结合，认识到同时还有视觉行为的发生。反过来，它可能没有视觉部分，但声音自身可能就是某个引起声音的对象或行为存在的证据。如果我们再次听到这个声音，我们可能会获得进一步附带的信息，引导我们理解声音实际上的所指。这可能是敲门声，或是回家的家里人的车声，或任何我们曾经听到的声音，知道它意味着什么样的实际情况。

如果举个日常生活中声音设计的例子，电脑操作系统的声音可以很好地说明问题。微软和苹果操作系统使用非语言的短声来指示多种提醒、警告和通知。不同声音的含义为通知或弹窗被阻止、硬件故障、收到电子邮件，所有声音自身没有任何含义。我们可能会注意到许多声音之间的微小差异，但通过语境和熟悉程度，我们习得这些声音具有某些特殊意义。逐渐通过声音单独的使用，我们认识到声音和与之相关的含义。[11]

从图示到索引再到象征的处理过程出现得如此频繁，如此平滑无缝，我们通常完全不会意识到这个过程。想象一下，当你第一次被介绍给某人时，你就已经使用非常复杂的符号系统（语言本身）来进行交流，同时被给予一个代表新对象的声音；在这个案例中，这个声音代表你刚刚遇到的这个人。分解正在使用的符号的不同层次，显示出我们日常生活中声音符号的极端复杂性。解释通常需要附带的信息，如正在使用的语言的知识，用它来解释符号。如果我们将处理过程放慢，我们可以更清楚地看到其组成部分。如果一个人正在与一个使用不熟悉的语言的陌生人讨论问题，使用"我"和"你"这个字时最简单的就是用手互相指示彼此来帮助理解，这样的附加信息可明确字词的含意和其相关的概念。

分隔对象

皮尔士后来强调一种被称为"终端指向"（End-Directed）的探究过程而非无止境的符号过程（semiosis）。而后，焦点在代表着过程终点的对象上，依据附带的经验，而与能指相关的对象完全不同。第一个对象是直接对象，后面的对象是动态对象。直接对象是最初的对象，它首先呈现出一种直接的、未介入的近似性。动态（介入的）对象是"过程终点"的结果，如果实际所指的对象是真实存在的话，那"真实对象"（Real Object）的概念也会被使用。

我们必须区分直接对象（Immediate Object）——也就是符号中呈现的对象——和真实物体（不，因为也许对象整体是虚构的，我必须选择一个不同的术语），因此，宁愿说："动态对象"（Dynamical Object），从事物的本质来说，符号不能表达这个动态对象，它只起指示（Indicate）的作用，留给解释者根据附带的经验去发现。

（皮尔士，1998，2.498）

直接对象和动态对象之间的差异很有用，其中它解释了理解变化的原因，它依赖经验和其他信息，或符号的解释者所拥有的性质。它允许同一对象有不同的身份，这取决于其他外部的因素，比如解释者的经验。

分隔解释项

有了分隔的对象，从而远离了一种无限符号链、无限符号过程（Semiosis）的必要，皮尔士而后提出了不同类型解释项（Interpretant）的差异，分别为直接解释项（Immediate Interpretant）、动态解释项（Dynamical Interpretant）和最终解释项（Final Interpretant）。

直接解释项可被认为是一种对符号结构的认可，一种表层的理解，或"整体未经分析的表达，可能期望生成符号，在对其有任何评判的反应之前"[萨万（Savan），1988，53]。动态解释项可被想象为"大脑产生的结果"（皮尔士等人，1982，8.343），它与附带经验相结合，或正在向最终含义行进。最终解释项是过程的终点，一旦"够数了"即可被认为是最理想的结束点。"如果通过科学探究来丰富解释项的过程无限持续，最终达成的是解释项。它会整合完整和真实的符号对象的概念；最终我们应该达成一致的就是解释项"[胡克威（Hookway），1985，139]。以这种方式，解释项的分隔允许从符号的含义逐渐展开，虽然能指本身不需要改变。

意义（significance）与符号

研究符号的符号学，是解开如何使用复杂的声音、如何制造含义的有效工具。皮尔士的符号学模型在这里特别有用，因为它为声音从细小到宏大提供了方法，阐明我们对声音的解释或理解如何随时间发展展开。如果后退一步，在含义被创造出来之前，在意义（significance）与含义（meaning）之间进行区分是值得的。关注某事的意义是理解某种含义的必经之路。莫拉格·格兰特（Morag Grant）描述了区别和聚焦有关实验音乐和现代音乐作曲意义（significance）的益处。

意义，就我理解是个更宽泛的术语：一方面更有相对性（它可能整体取决于所讨论问题的语境，相同的元素在一种环境下有重要意义，在另一环境下就相对普通），同时也更具体（因为它只有在相对的特定环境下才有意义）。它可能不必具有含义的意指功能（但不一定必须），不被限制于语义的领域（也不必排除它），不承载含蓄的表现主义以粉饰术语的含义。最重要的是，如果意义是与环境相关的，那么我们决定什么事物是有意义的过程就成为其意义的一部分，事物变得有意义，因为我们将它们与环境中某种变得有意义的东西相关联。而且，这特有的意义其自身也对进一步处理过程有影响。

（格兰特，2003，175）

　　这种实验音乐的观点也可以应用于任何类型的声音设计。值得注意的是，皮尔士的解释或符号理论在某种程度上，对任何类型的意义是如何产生的或学习是如何发生的提供了一种合理的解释。它为智慧的基本原理以及信息如何产生于感觉的输入提供了一种解释。

　　关于鸟类学习将一种声音和来自其他物种的危险联系起来的生物研究显示，对这种类型声音设计的学习并不是人类世界独有的［玛格拉斯（Magrath）等人，2015a］。在一项研究中，向一群鸟提供一种新的声音，让它们将其与危险相联系。只是几次训练之后，不熟悉的声音出现时猛禽就同时出现了。几次不熟悉的声音来自真实的鸟叫声音，而其他都是人为的声音。虽然开始时会忽略不熟悉的声音，在两天的学习之后，细尾鹦鹉听到声音即飞离。还有更多，物种之间相互偷听其他物种收集信息的范例。大约有 70 种脊椎动物，也会从相近或较远关系的物种处收集信息（玛格拉斯等人，2015b）。如果个体可以理解关于掠食动物的信息，或识别来自自己家庭之外或种群的痛苦信息的意义，这对物种的进化有益处。

　　某些动物看起来能够快速认识一种新的声音，并且把某种含义与这声音联系起来。开始时对它们来说是不熟悉的声音，一旦与另一种内心的概念联系起来——掠食动物的出现或某种其他危险，然后这个本不熟悉的声音就代表那个相关概念了。这相同的过程就是在我们自己开始理解由我们的耳朵、眼睛和其他感官提供信息时发生的。对于我们如何选择有意义地或有含义地利用声音进行一些暗示。正如我们将在本书中看到的，许多声音从业者在选择、录制、剪辑、创造、同步或混录声音的过程中如何实施想法，看似绝对地适用于皮尔士符号理论描述的某些概念。这不应该被看作对皮尔士理论的批评。相反，它应该是其理念的例证，他只是正式承认了某种已经存在的东西，虽然之前未被很清楚地表达过。

真实与符号学

对于实用主义哲学流派的创建者之一皮尔士来说，调查方法的价值在于其有效性。[12] 即使实际中的科学确凿无误且不可动摇地存在了几个世纪，如欧几里德（Euclidean）几何学或牛顿（Newton）物理学，它们有时也需要被修正。实用主义的观点就是所有的知识都是暂时的，以及皮尔士采用的可谬论的观念："我们的知识永远不是绝对的，是在连续的不确定、不明确之中游动"（皮尔士，哈茨霍恩和威斯，1960，1.171）。这并不是说我们什么都不知道，相反，可谬论并不需要信仰的绝对确定，而是认识到"人们不能获得有关事实问题的绝对确定性"[皮尔古和布赫勒尔（Buchler），1955，59]。确实，如果没有信仰，没有绝对确定，很难做任何类型的决定。

这种现实主义表达观点的含义是，无论有什么不足，在缺乏更好解释的情况下只要满足了信仰的需要即可。我们不需要绝对的确定性，相反，只要一点点构成现实主义的景象即可。我们倾向于为呈现在我们面前的表达找出更好的解释。只要声音与一个行为同步，我们就可能相信两者相关，即一个引发了另一个。在缺乏更好解释的情况下，这种理性的相信就足够了。在这种声音或行为动作重复时，我们就可能认为信任的基础是坚实的。

总结

在傅里叶（Fourier）以看似无伤大雅的日常现象（如"热"）来作为他具有突破性理论工作的来源时，皮尔士将符号看作直观的，但同时也是不能全部被理解的。傅里叶认识到他对于热研究的深远含义可能是：

我们不知道主要原因；但由于简单和恒定的规则，可能由观察所发现，对它们的研究是自然哲学的对象。

热，就像重力可穿透世界上的任何物质，它的热力线占据着空间的所有部分。我们的工作就是找出这种自然现象遵循的数学规则。热的理论将因此形成一般物理学中最重要的分支。

（傅里叶，1878，1）

皮尔士将其智慧应用于更广泛的主题上，但符号学贯穿了他的终生。如傅里叶一样，皮尔士研究普遍的和看似常识的话题并努力从中推演出普遍的原理。皮尔士试图以更普遍的范畴取代亚里士多德和康德定义的范畴，同时它们都属于日常生活的思维而非形而上学领域。这是个重要出发点，而且是我相信他的模型可用性的关键。就是在他的范畴模型中，皮尔士只是明确了他认为自然和逻辑的方式或有组织的思想，即使这样，我们也很少以这种术语看待它们。他的符号学模型给了一种我们的思想和观念来自何方的考量——我们如何习得、如何理解事物，我们如何获得世界的知识，虚拟的世界也是可以创造的。

注释

1. "符号学"（Semiotic）这个术语来自希腊语 $\sigma\eta\mu\epsilon\iota\omega\tau\iota\kappa\acute{o}\varsigma$（sēmeiōtikos），意思是"符号的遵循者"，其中 $\sigma\eta\mu\epsilon\widehat{\iota}o\nu$（sēmeion）意思为"一个符号或标记"。另外一种拼法 "semeiotic" 由约翰·洛克（John Locke）创造，有时也会被皮尔士（Peirce）使用。

2. 刘易斯·卡罗尔（Lewis Carroll）是查尔斯·路德维希·道奇森（Charles Lutwidge Dodgson）的笔名，他在牛津大学教数学。

3. 书面文字 "Hearth" 没有如何发音的提示，不熟悉这个词的人可能利用其开始的 "hear" 作为提示来发音。

4. Times New Roman 字体由《泰晤士报》在 1931 年投入使用。Calibri 字体于 2002—2004 年开发出来替换掉了 Times New Roman 字体，作为 2007 年发行的微软 Office 软件中使用的默认字体。

5. 他很多的工作是汇编，主要是收集查尔斯·桑德斯·皮尔士（Charles Sanders Peirce）的论文（1-8 集）以及皮尔士的其他文字，按时间顺序编辑（1-6 集和第 8 集）。

6. 在哲学界，他被认为是哲学实用主义运动的奠基人。在数学界，他最著名的著作是《线性代数》，但他主要的著作集中在逻辑学方面，他是第一个展示如何通过二进制运算来实现布尔代数的人。他也是现代统计学的奠基人之一。他日复一日地投入于科学中的工作，引领他在地形学中遥遥领先，在制图学中，他的梅花投影法是以两维表示球形的另一种方法。在重量测定法（对地球引力的测量）中，皮尔士创造了一种特别的摆，用它可以精确地测量由引力引起的加速度。

7. 虽然有超常的智力天赋，但他疏远了许多重要人物，同时他唯一就职的大学约翰斯·霍普金斯大学最终也终止了他的工作，而后他依靠在美国海岸与大地测量局的工作来维持生活[约瑟夫·布伦特（Joseph Brent）的查尔斯·桑德斯·皮尔士的传记《一生》（A Life）]。其成就惊人，在《大英百科全书》的皮尔士词条中宣称"皮尔士被认为是到目前为止美国出现的最具创造性和最高产的学者，对其的认可是逐渐显现的"。

8. 亚里士多德（Aristotle）的 10 种范畴分别为物质（substance）、数量（quantity）、质量（qualification）、关系（relation）、地点（Place）、日期（date）、态度（Posture）、状态（state）、行为（action）、情感（passion）。康德（Kant）的范畴包括 4 类，每类 3 种：①量（quantity）[单一性（unity）、多数性（plurality）、总体性（rotality）]；②质（quality）[实在性（reality）、否定性（negation）、限制性（limitation）]；③关系（relation）[实体性（inherence and subsistence）、因果性（causality）、协同性（community）]；④模式（modality）[可能性（possibility）、现实性（existence）、必然性（necessity）][托马森（Thomasson），2013]。

9. rhemata 为 rheme 的复数形式；"述题（rheme）为任何既不真也不假的符号，几乎就如同除'是'和'否'以外的单个字词，这些在当代语言中是独特的。[-]表位被定义为一个可代表其所指的解释项（interpretant），它类似于一个字或标记"[皮尔士等人，1982，8.337（重点标记是原有的）]。

10. 莫理斯（Morris，1938，6-7）改造了皮尔士符号的 3 个组成部分，并将符号学见解围绕着语义（semantic）、句法（syntactic）和实际（progmatic）3 个符号层级。符号学关系到对符号首先的理解，以句法层级作为对符号的认知，实际层级为对符号的解释。莫理斯利用符号载体（sign-vehicle）这个术语代替了皮尔士的再现体（representamen）。

11. 听到旧操作系统的声音是个相当怀旧的旅程，努力去回忆每种声音代表的意思。庆幸的是，视频网站上面有许多这种操作系统归档的声音，从 Windows95、XP 到各种苹果系统。

12. 皮尔士后来发现另外一个替代 pragmatism 的词，它叫作 pragmaticism，以区别于他同时代其他人的观点。选择这个难对付的词的原因是"对绑架者来说丑得足够安全"［皮尔士，哈茨霍恩（Harstshorne）和威斯（Weiss），1960，5.414]。

第 5 章

使用符号学分析声音

使用符号学

虽然，皮尔士的符号学是个可以理解的体系，但它也不是可以直接实际使用的，它的优点在于其灵活性和广泛性，正是这种品质，它才可用来分析既难懂又无法着手的对象。这种模型的关注点就在于符号的处理过程。一个符号的含义并不是整体容纳其中的，而是通过其解释过程才逐渐显现的。符号有 3 个主要元素，对象、能指和解释项，每个符号都可以使用这些元素之间的关系来进行研究。每个对象－能指（object-signifier）可被想象为直接属性（第一性）、因果关系或证据（第二性）、传统或习惯（第三性）三者之间的某种联系。那么，这将如何应用于声音的运作呢？声音可以被理解为"声音－符号"吗？

接下来根据与符号学模型相关的 5 个基本原理来研究一下声音。

（1）一个特定的符号不必被分配给一个或唯一一个类别。举个例子，钟表的"嘀哒"声。它与其对象的关系可以是图示性的、索引性的或是象征性的，它取决于环境的因素。钟表的声音是图示性的，通过钟表"嘀哒"的机械声独特的属性来代表钟表。这里，我们可以识别这声音是因为其图示性的性质。钟表的声音也可以是索引性的，它是发出声音的钟表存在的证据。从我们已有的对时间概念的经验，我们已经习得钟表的每一声"嘀哒"都代表着时间流逝一秒。"嘀哒"声因此就象征性地与时间的概念相关。

（2）一个符号的分类可随着其功能、历史、视角和解释而改变。继续使用上文钟表"嘀哒"声的例子，我们可以展示这种分类可能发生的改变。想象以下 3 种场景，伴随的声音只有钟表的"滴哒"声。

1）一个男人躺在昏暗的房间里眼睛盯着天花板的镜头；

2）一个男人奔跑着穿行在拥挤的城市街道上的镜头；

3）火车站里一个无人看管的包裹的镜头。

每种情况下，通过环境的不同运用，"嘀哒"声表现的内容（声源可能可见，也可能不可见）是不同的。第一个例子可能表现一个盯着天花板的人，时间在慢慢流逝（这个人无法入睡？无事可做？）。第二个例子可能表现时间迅速流逝（没有时间了？）。第三个例子可能是一个包裹中炸弹的索引或象征符号。声音设计的环境改变了钟表"嘀哒"声的含义。

（3）焦点符号化的过程而非符号的内容。从前面的例子我们可以看到，符号化过程在决定声音设计的含义中很关键。声音设计的含义已经改变，但声音能指并没有改变，只是环境改变了。

（4）一旦符号被"仔细思考"之后，最初的对象可能与最终的对象不同，同样，最初的解释项也不必固定，因为对象决定着解释项。开始作为一种解释的内容（直接解释项）可能仅仅是钟表"嘀哒"的声音，然后，它可能导致一种已经发生改变的解释，它可能变成对不远处真实时钟的索引。事实可能是：实际上它根本不是时钟的声音，而是一颗炸弹计时器的声音，因为这个声音是炸弹的象征（也是索引性和图示性的）。通过解释，头脑"仔细思考"的过程就产生了该声音的含义。

诱导阶段是必须的，人们依靠它来创造新含义，可是当我们通过与其他事物的对比创造含义时，一个新的，随后被验证的假设正在形成，允许吸收新符号到我们的方案中来。对比的能力被用来创造新含义。文字手段，如象征的语言，为了比较一个事物与另一事物的特性，通过明喻或象征远离了字面的含义。

（5）皮尔士的符号模型在形成含义时，要考虑解释项的作用。"嘀哒"声所暗示的阐释内容需要头脑来解释。对声音设计的领悟，需要先前的经验和心理的过程来创造含义。确实，不同的大脑从相同的声音设计出发可能创造不同的含义。因此，解释项的作用就是最基本的了，不仅与含义是如何创造的有关，而且与创造了什么含义也有关。

声音中的第一性、第二性和第三性

皮尔士第一性、第二性和第三性的普遍范畴与声音有着密切的关联，与视觉相反，声音只以流的形式存在，而不是恒定或静态的对象。我们对声音的认识随着声音的发展而深入。我们可以凝视一张照片，照片则保持不变，虽然当我们长时间端详它时，我们对它的解释可能会发生改变。但是，当我们听一个新的声音时，首先，在它开始时，我们可能一开始只注意到它是个简单的声音。然后，它变成与其他声音或无声，或自然的事物相对的声音，而后是某些含义的中间过程和归因，（如果过程就到此结束的话）。

虽然，通用分类难以确定，其背后的观念突显了某些现象可能先于我们最终的理解或在符号过程处理完成之前。从第一性至第三性有一个逻辑顺序：

我们在无意识时注意到的东西：想象一个人注意到了声音 X 但并不认识它。它仅有模糊的特征，没有指向任何具体的东西。[1] 这就应该被认为是第一性，只与中间过程属性或某个东西的特征相关，并没有指向其他事物。

然后，我们又注意到其他一些东西：一个声音的停止或开始，与无声形成对比或对照。我们现在注意到声音 X 停止或开始了。我们还不知道有哪个含义应归属于这个声音，但意识到它的开始或停止也许是其他什么行为的结果。这应该被称作第二性，直接与第二个事物相关。

最后，我们通过参照第三者，将知识纳入更广泛的理解之中：如果后来我们再次注意到声音 X，知晓了声音的起因与某种行为构成了联系，或者以通用的规则来描述它，那么这就应该被称作第三性了，一种含义或中间过程的综合。

我们可以用钟表语音报时发出的三声"哔"声来当例子，比如"第三声，时间是 10 点 46 分 10 秒"，接着会发出三声"哔"声。[2] 第一声"哔"有其声学的特性，与其他事物无关。第二声"哔"和第一声一样，所以我们听到第二声时只把它认作再次出现的声音参考。第二声"哔"声，与第一声相同，可让我们推理所听到的声音包含一个顺序，建立一种带有间隔的节奏。第三声"哔"声与前两声声音是相同的，只是它指示着正确的时间。这样的话，它就是可以预示并有含义的，因为听者知道并期待第三声"哔"声，这时候对它以及它的含义有所期待。这三声"哔"声证明了皮尔士的分类。第一声是本性、第二声是事实、第三声是习惯或规则。

声音设计

虽然，皮尔士的工作首先着眼于能指和解释项的分类上，但简要地对能指 - 对象关系分类进行说明也很重要，最初可以以熟悉的声音为例。一些声音设计的例子如下，使用皮尔士的分类法来描述。

• 声音图示——拟声，汽车喇叭声、汽车引擎声、音乐声。

• 声音索引——哭声、ATM 机的"哔"声、汽车转向时的声音、脚落地的声音或脚步声。

• 声音象征——唱片摩擦的"沙沙"声、口头语言、莫尔斯电码。

当然，许多声音都显示出图示、索引和象征的属性。例如，电话铃声就可作为某人正在与另一端的人打电话的索引证据，电话铃声固有的图示属性用来引起注意，声音含义的象征是某人需要交流。

那么，我们如何把皮尔士的符号学模型应用于新的或不熟悉的声音呢？首先，我们重新看看皮尔士来自《四种无能力的某种结果》的观念。

（1）我们没有回顾的能力，所有内心世界的知识来自对世界知识的假设推理。

（2）我们没有直觉的能力，每种认知逻辑取决于前面已有的认知。

（3）如果没有符号，我们就没有思考的能力。

（皮尔士等人，1982，2.213）

从这 3 种无能力，可以猜测我们的理解基于我们对世界的知识，来自我们自己的推测，同时，我们的推测基于符号，因为我们的思维来自符号及与它们的联系。因此，任何新符号由前面的认知决定，同时我们只能通过其他符号产生新思想。当面对新符号时，我们通过假设和推理产生新的理解，这是皮尔士诱导推理的范例，有别于归纳和演绎推理。

自然的（naturalized）和任意的（arbitrary）声音符号

自然的符号是指那些看起来自然的，我们可以认识并从中得出含义的符号。闪电和雷声就是这种自然符号。雷声伴着闪电提供了暴风雨的实际声音表达。[3] 没有视觉表达的雷声也可模仿自然世界，因此可以推测暴风还比较远。当看到闪电而没听到声音时，我们也可以推测雷声就要到耳边了；同时两者的时差越小，暴风雨就越近。因此，这样就可以预判破坏性事件，比如暴风雨。另外，我们习得（自然的声音编码）大而低沉的声音预示着严重的物理事件或人为事件，例如爆炸。从我们对声音的经验中得知，大而强有力的声音来自大型而严重的事件。

之前，雷声和闪电的科学解释是暴雨云电离引起的放电现象，它们被简单作为指代暴风雨的"符号"。[4] 进一步回溯历史，它们被解释为"'雷公'不开心，要让人知道他不高兴"。[5] 同样，如果大地长时间干旱，暴风雨声可被认为是一个积极的符号，因为闪电和雷声预示着干旱的结束。自然声音符号还有指代的、明确的含义（雷声伴着闪电），同时可以有含蓄和征兆性的含义（"雷公"愤怒了，干旱结束了）。

虽然，我们周围都是自然的符号，也有不是基于自然现象而创造出来的符号，但在习惯上那些是作为交流目的而设计的符号 [科布利（Cobley）和简斯（Jansz），1999，5]。自然和传统的声音符号都用于电影声音中，观众本身就知道自然的声音，而其他声音则要通过联想而习得。有时，这种联想并不明确，例如将音乐和特定的人物配合，但是无论如何，象征的关系都会产生相应的效果。观众第一次看《星球大战 2：帝国反击战》（*The Empire Strike Back*）时，几乎没有意识到达斯·维德（Darth Vader）和"主题音乐"[科什纳（Kershener），1980)]，但与他在银幕上的形象配合的特独主题音乐出现后，这个主题音乐就与这个人物相关联了。之后，那段独特的音乐出现时就预示该人物将要出现。

皮尔士对于象征表达的定义在很大程度上与索绪尔的"任意能指"（arbitrary signifier）相契合，因为既没有相似性，也没有直接的因果联系，也没有其他迹象——象征与其象征对象的联系纯粹出自使用象征的想法，没有它的话这种联系就不存在（皮尔士，哈茨霍恩和威斯，1960，2.199）。例如，"狗"字与狗这一概念没有自然联系，但是"d-o-g"这三个字母的顺序组合在英语里创造了狗这个概念，就像"c-h-i-e-n"这几个字母在法语里具有同样的概念一样。从这个角度看，象征是在社会意义上人们习得的一种联系，它在对象与其符号之间显示一种习惯性关联［钱德勒（Chandler），2007，28］。这种体系只是因为认识或同意这个符号代表那个对象才有效。同样，小提琴本身看起来自然地很少与其表达"情人间的浪漫时刻"或许多其他表达内容有关系。反之，某些类型的音乐可以说已经获得了社会构建的含意。

能指与对象之间的象征关系，产生了一个原理，即能指与其对象之间不需要自然的联系，电影声音可以说明这一点。一旦声音与影像之间的简单联系形成之后，二者就可以相互暗示。例如电影《大白鲨》（*Jaws*）［斯皮尔伯格（Speilberg）1975］中的双低音音符通过在开场镜头中与水下移动镜头以及后来第一次"鲨鱼攻击"镜头的同步，与鲨鱼建立了的联系。在影片的开始部分，影像是鲨鱼主观视角下的场景，用来指代鲨鱼而不是用实际鲨鱼的影像。两次都是使用鲨鱼的主观视角镜头，我们在观看该镜头时听到伴随着的双低音音符。通过双低音和主观镜头，形成一种诱导（abduction），表示一个可以象征另一个，或当一个被听到时另一个会出现，预示有鲨鱼攻击的危险。到影片后面，观众在听到双低音音符时，就会感觉（正确地）到鲨鱼攻击又要出现了，虽然在视觉上只需要表现平静的海面。双低音音符现在代表的就是鲨鱼，不必再展示鲨鱼本身或鲨鱼的主观境头。《大白鲨》中，音乐的运用与弗里茨·朗（Fritz Lang）的《M 就是凶手》中的方式是一样的，其中彼得·洛（Peter Lorre）这个人物会用口哨吹两小节的音乐［格里格（Grieg）的《巨魔舞》（*Troll Dance*）］。后面，这部音乐被用于象征影片中的杀人犯。

我清楚地记得，这个平平无奇的小调在电影中让人感到恐惧。这仅仅一两小节的音乐实则是彼得·洛疯狂与杀戮的象征，你还记得在哪个时候（结尾处）音乐最恶意吓人吗？我记得，就是在你可以听到声音但看不见杀手时。

［卡瓦尔康蒂（Cavalcanti），1985，108］

视觉影像因此从简单的功能性表达中被解放出来。虽然没有什么场面调度，但一种观众的参与感油然而生，同时期盼的电影效果以可能达到的最有效的方式被制造出来。

声带中的音乐

音乐在其直接语境之外，可以包含与事物参照或象征的关联。音乐可能提供与流派或作曲及演奏的音乐家的关联，或是与音乐风格相关的时代的关联。音乐潜在的与人物的关联可能变得与人物融合起来，同时歌词或音乐、其演唱者或作曲者与人物联系起来。无编码或半编码的歌词可给我们正在体验的以及我们如何解释银幕上的人物提供更深入或不同的解读。例如电影《午夜牛郎》(*Midnight Cowboy*)[施莱辛格(Schlesinger), 1969] 中哈里·尼尔森(Harry Nielsen)唱的《所有人都在说》(*Everybody's Talkin*)出现在影片的前面，伴随着影片的主人公乔·巴克(Joe Buck)[乔恩·沃伊特(Jon Voight)饰] 在纽约市开始他的新生活。虽然两者之间没有直接或显而易见的联系，仅仅是它们同步的事实就会导致观众去寻找两者之间的联系："所有人都和我说话，我听不清他们说的任何字。只能听到我脑子里的回响"[尼尔(Neil), 1966]。歌词以第一人称的视角暗示了歌词与银幕上的人物之间的联系，同时观众会去寻找他们一起出现的合理性。在这个范例中，音乐和歌词能够提供天真乐观的另一种视角，与人物的视觉表现和其境遇相反 [波特(Potter), 1990, 93-100]。

音乐可被看作第二文本，嵌入在电影文本之中，带来另一种含义，它指向电影文本之外，可以叠加在其新的语境之上。这种电影与音乐之间的交织是明显的，音乐被嵌入电影之中。例如在《奇爱博士》(*Dr.Strangelove*)[库布里克(Kubrick)导演, 1963] 中，开场段落的音乐是很华丽的交响乐，其本身并不是不正常的 "电影音乐"，虽然也许在开场字幕段落展示两架美国空军的飞机在空中加油时使用这段音乐是个奇怪的选择。浪漫的交响乐似乎与视觉影像有冲突，和独特的漫画书和手写的字幕相结合，影像与音乐似乎仍不相配，我们得出了一种对立的信息，特别是给出显眼的电影全称——*Dr.Strangelove or : How*

I learned to Stop Worrying and Love the Bomb 时。仔细审视音乐，对于那些熟悉的人来说，会发现它实际上是一首爱情歌曲《尝试多一些温柔》(*Try a Little Tenderness*)[伍兹（Woods），坎贝尔（Campbell）和康纳利（Connelly），1933] 的器乐版。这样，我们就被诱导着看眼前的有恋爱意味的影像（通过与浪漫音乐相联系），一架飞机给另一架飞机"加油"的画面与音乐之间建立了联系。作为开场段落，这种一系列由音乐颠覆影像表达的组合提供了一种引导，观众要在这种启发性的暗示下观看整部影片。同时还需要（至少是鼓励性质的）观众在影像、开场字幕和音乐之间建立联系，音乐参照的是超文本作品，它本身就是可被认知的媒体，对"浪漫"和"爱情"进行表达。认识到对音乐表达的二次解释不必是直接的，这也很重要。它可能被立即注意到，或在影片中后来某个时刻、观众看完电影之后被注意到或完全没有被意识到。皮尔士的直接和动态对象，以及解释项之间的差异允许观众根据附带经历进行音乐表达的解释和再解释。[6]

以这种方式使用的音乐间接性更强，需要观众通过音乐与影像的同步（或对立），来对音乐的形式进行期待和认识。1932 年写成的歌曲已经被很多歌唱家翻唱，如平·克劳斯贝（Bing Crosby），以及在 1966 年——电影上映两年后，由著名的奥蒂斯·瑞丁（Otis Redding）再翻唱。这使得音乐在电影发行多年后仍然被新观众所熟悉，也因此增加了电影段落中隐含的内容，说明超文本影响力的无限符号学潜力，影响着对历史的、已定型电影的解释。而后我们对电影的理解可能由于时间或附带的经验而改变，它影响着我们对电影中符号内容的解读。在皮尔士的符号学术语中，由于我们初次体验它，我们可能对影片产生直接的解读（或对电影中的某段音乐），后来这种解读可能在后续的观影过程中发生变化。

银幕上的音乐，如用于音乐片或人物演奏、演唱，都有文本的、索引的能指性质，同时还有其他内含的、暗指的性质。[7] 在音乐作曲中，甚至是最简单的音乐段落中都具有多重含义或解读的可能性，因为音乐承载着文化、历史和社会内涵。即使使用完全原创的音乐、独特的乐器和不为人知的人声，音乐本身即为电影增添含义，因为无论其出处和关联，声音都具有图示属性。音乐特性（乐器、编曲、音乐风格、节奏等）将透过与影像的简单同步行为而渗入影片中，使影像或影片形成被解读的整体。将已有的音乐整合到电影之中，原创音乐的含义与新的语境相作用，有通过与影像的同步或对立产生进一步含义的潜力。

音乐可能与电影时代或电影中的历史时期相吻合，或与其形成对照。电影利用了相同的观念，使用乐器来指代或突出特别的时代或与影片中相同的地域。相反，就依赖或与模仿的或与叙事时空一致的手法来说，电影也可以与音乐不相吻合。例如范吉利斯（Vangelis）为《烈火战车》（*Chariots fo Fire*）[赫德森（Hudson），1981]所作的音乐，听起来就风格和乐器编配上与故事中的世界不匹配，因此可能会引导观众在音乐和与其相配的影像间建立联系。

依据文化特征和历史，音乐可以体现具体含义。对于一个英国的听众来说，赞美诗《奇异恩典》（*Amazing Grace*）可能使他们脑海里呈现出风笛手和苏格兰高原的景象，或某些模糊的"苏格兰精神"、葬礼或是某种充满希望的感觉。这首歌是由一个前奴隶商人约翰·牛顿（John Newton）写的，他信仰基督教，后来成为了牧师。这首歌在美国很流行，相同的歌曲在美国人听来可能就代表三K党（Ku Klux Klan）和奴隶制，因为这首歌与该组织和美国那个历史时期紧密相关。从1960年开始，它就一直与美国人权运动相联系。2015年，美国总统奥巴马（Barack Obama）在查尔斯顿（Charleston）枪击案死者的葬礼上即兴演唱了这首赞美诗[萨克（Sack）和哈里（Harri），2015]。不仅是简单的旋律，《奇异恩典》被"严肃地作为文化、人文现象来对待，它承载着历史、压迫和希望"[亚尼卡-阿伯（Yenika-Abbaw），2006，353]。

面对这样的文化差异，运用明显形成象征的或索引的音乐时充满着危险，音乐含义丰富，同时可为电影与其他视觉、声音元素一起形成强化或对立的作用。可以列举的范例非常多，但就器乐本身而言，《2001太空漫游》（*2001：A Space Odyssey*）（库布里克，1968）就是个例子。再次强调，皮尔士的动态解释项的概念考虑的是对看似固定的符号对象变化的理解。开场字幕段落的音乐是理查德·施特劳斯（Richard Strauss）的《查拉图斯特拉如是说》（*Also Sprach Zarathustra*，1896），这样恢宏的音乐很适于这个给人印象深刻的电影开场。史蒂芬·道奇（Stephen Deutsch）指出，音乐是为弗里德里希·尼采（Friedrich Nietzsche）作的颂歌，他写过一首同名作品，其中有这样的话："猿对人来说是什么？就是笑话，羞耻与被可怜的对象。就像人对于超人而言一样"（道奇，2007，13）。鉴于电影的主题（人类三阶段，猿、现代人和众星之子/超人），从其开场段落来看，很明显参照了尼采的著作，之后充满了整部影片。同一段音乐伴随着由猿变成人的转变，同时从人到众星之子的转变。库布里克看似将其自己远离了对音乐的解读，论证说他只是没有时间去制作亚历克斯·诺思（Alex North）写作的音乐，在任何情况下，都更喜欢在剪辑过程中他一直使用的"临时"音乐 [西漫（Ciment），2003，177]。总体说来，库布里克对电影音乐也只是指出一个很宽泛的看法：

> 但是，看起来没有雇用作曲家的必要，无论他多么出色，他都不是莫扎特或贝多芬，特别是当你拥有大量现存的交响乐作品时，包括当代和先锋的作品。这样你可以有机会用音乐在早期剪辑阶段做试验，有时间伴着音乐来进行剪辑。

（西漫，2003，153）

采用已有的音乐作为配乐，将某些已有的含义转换到电影中的做法很常见。通常，电影人在选择已有的音乐时，就是因为它所带有的含义。例如马丁·斯科塞斯（Martin Scorsese，2004，1990，1995）经常使用音乐作为描述影片中某个精确时代的快捷方式，它可横跨几十年，同时使用独特的音乐段落与之配合。然后，音乐实现了双重作用：通过挑选独特的音乐段落，足以指代那个时代，在暗示歌曲名称内容的同时，其歌词或演唱者提供了额外的带给影片文本的信息。例如，托尼·班奈特（Tony Bennett）的《白手起家》（*Rags To Riches*）[阿德勒（Adler）和罗丝（Ross），1953] 在影片《好家伙》（*Goodfellas*）前半段中的使用，音乐为影片增加了很多可能的含义层次。歌曲的标题和歌词都可以看作主人公精神状态的反映。

当皮尔士的符号学应用于音乐时，由于体现并解释看似难以处理的音乐与其指代对象相似（resemble）的需要，经常会变得无能为力，但同时音乐也被看作一种抽象艺术，不需要参照任何其本身之外的事物。通过采用皮尔士后来对图示符号的定义，音乐分析从总是寻找相似与相像的必要中解脱出来，而只需考虑其自身的属性与特征。这样做，在音乐的图示、索引与象征指代元素之间可以进行更明确的分割，这样也能够分析音乐运用的方式以及其本身的或在其他媒体文本中的作用。

电影中的音乐具有多重同步的作用，可以使用符号学方法进行分析。虽然，着眼于图示在电影配乐中的音乐功能，其结果是丰富的，但其他电影音乐的作用可以得益于对音乐索引和象征的表现特征的研究。无论使用原创作曲的音乐还是重新使用已有的音乐为电影带来明确的超文本知识以及经验，音乐传达含义的能力都会使其成为电影人强有力的工具。音乐与视觉影像的简单同步，或某个主题与人物的重复使用，可形成指代索引和象征的联系，可产生与人物象征的关联，提供简单实际的信息，如戏剧的时间框架或为叙事提供一个音乐背景。

情感与符号

我们可以看到符号能够传递含义，但是如果用符号传达情感呢？如果关注一下情感的表达，可以考虑 3 种基本类型：自然表达、行为表达和艺术表达。自然表达是人们不由自主的或自发的行为，通常为面部表情（笑、撅嘴），声音（抽泣、嘲笑）或语调（例如提高音调、小心翼翼）[格雷泽（Glazer），2017，190]。行为表达是人们有意向的情感流露，它与自然表达是不同的。例如，一个说话的人可能说他们很高兴，但是其声音和面部表情才能表达出高兴的情绪。同样，在表达情感和应付情感之间存在差异，后者可能实际上涉及试图克制情感，两种行为可能完全不一致。艺术表达是使用一种人为的方式来表达情感的，是象征性或比喻性情感的表达。毕加索（Picasso）的格尔尼卡（Guernica）可能表达的是西班牙内战残酷时刻的恐惧或灾难。巴赫（Bach）的《托卡塔》（*Toccata*）或理查德·施特劳斯（Richard Strauss）的音乐《查拉图斯特拉如是说》（*Thus Spake Zarathustra*）中的号角齐鸣都是一种出色的音乐表达，无论是世俗的还是宗教的。

　　行为表达是受个人控制的，而自然表达是不由自主的，而且可能出卖情感。确实，自然表达不可能虚伪。自然表达很明显，比如笑或哭，或它们可能是某些情感的指示器，而那些情感则是潜在的，难于被观察者发现。[8] 在声音设计和情感的语境中，多数人所做的工作就是重新创造或模拟这种类型情感的符号。本能地，画面剪辑师和对话剪辑师都会选择在对话的信息明确和情感表达"自然"之间最平衡有效的镜头，这自然的表达包含着其他符号——着意传达的强调、细微差别或矛盾等其他情绪。

整合符号学与声音理论

　　从某种程度来说，一个出色的符号学范例就是声音设计及其各种形式，以实践的术语展示为了改变、创造或暗示一种含义，符号是如何被操纵、对位和组合的。现在的任务就要看这个声音的模型作为一个符号能在多大程度上适合已有的声音理论。理克·奥尔特曼（Rick Altman）、米歇尔·希翁（Michel Chion）、汤姆林森·霍曼（Tomlinson Holman）、沃尔特·默奇（Walter Murch）的电影声音理论可能被重新审视，来决定皮尔士符号学整合到视听声音理论其他方面的潜质。

理克·奥尔特曼

　　在《电影的四个半谬误》中，理克·奥尔特曼描述了电影声音的神话，它总是索引性地与作为录音的原声相关联，其方式类似于照片中的肖像是人脸索引性的拓印（奥尔特曼，1980）。实际上，声音的还放都是通过录音和重放技术的介入实现的。应用皮尔士的模型，我们可以更精确地描述电影声音作为一种保留的、重构的或创造的索引性的根据，这取决于使用的对话是同期录音的还是通过使用对白自动替换（ADR）工具替换掉原始同期录音的，还是为动画人物创造的声音。只要观众关心，每个声音的表达都是索引性的，因为它取决于银幕声源的直接结果，但是创造它的过程不能说都是技术未介入的自然结果。符号学模型同样支持奥尔特曼的"声音腹语术"（Sound Ventriloquism）的观念，因为每个声音表达可能不仅仅是索引性地与其对象相关联，也有图示属性和象征含义："声音远远不是从属于影像，声轨利用从属的错觉服务于自己的目的"（奥尔特曼，1980，67）。

米歇尔·希翁

在电影术语中，有一些电影代码，包括使用近景或反打镜头、作曲的音乐、字幕等。每种代码都需要被掌握以便使其起作用。无论我们对电影或电影类型、电影的经典分类、摄影风格或是人物等进行任何评价，这样做都是基于我们对那些事物的经验。首先，这些代码是真实生活在我们日常经验中的超级代码（supercode），真实的主要代码之一就是在声画之间的同步。如果我们和某人谈话，可以发现对方的嘴唇运动和对方发出的声音是一致的。如果对方把一个玻璃杯放在桌上，我们就会听到玻璃杯的声音和视觉事件相配合。[9]这种基本的代码，可以被模仿，然后在电影中可以被控制。

米歇尔·希翁（1994）描述的在一个同步声中"同步整合"（synchresis）的过程就是以一个不同的声音替换原来的声音来创造一种新效果，同时保持一种真实感，因为声画仍然同步。[10]奥尔特曼对索引谬误的反对，通过对这一过程的描述更进一步，他指出，替换或替代声音是电影声音实践长期以来的常识，同时维持他们与视觉声源的统一。

虽然日常生活中的声源是个既有视觉又有听觉的对象，但电影中的声源看起来仅是一个视觉对象，其与声源是分开的。例如，一个人说话可被看作说话的影像和来自他们嘴的说话的声音两部分。在电影中，人物可在银幕上被看到，但他们的声音并不是来自银幕上他们所在的位置，而是由音箱产生的，通常位于银幕的中间，多数电影的对话都来自这个位置。[11] 电影声音操纵我们对于生活中同步声体验的理解，可让不同的含义被创造出来。从视觉与听觉表达的混合中，一种特性可以被从一个事物转移或移植到另一事物上。被选择的或被修改的新的声音创造一个新的图示关系，它在某种程度上与原声不同，其被用来以不同的方式解释电影。原始对象（视觉加上听觉，如果存在的话）在新发出的声音中被分割开。新发出的声音替换原始的声音，构造出一个新的索引关系，抹掉任何对象两重性的痕迹，同时与新的视觉和听觉对象共同创造一种整体性，模仿重现真实的同步代码。

同步整合可用皮尔士的图示和索引的概念来解释，因此声音和影像融合为单一的电影对象。新声音的图示属性归因于视觉对象，即那个同步整合声音的声源。同步整合的新对象（经同步整合的声音）利用新的图示属性和新形成的索引关系为对象创造一个新声音。如奥尔特曼（1980b）指出的，我们倾向于听到从视觉声源发出的对象，但一旦声音与影像同步了，那它就被看作发出声音的声源了。新发出的声音就"消失"在它协助创建的对象之中，留下一个源自其连续的视觉和听觉要素的概念化的对象。影像对象和同步的声音可以相互关联，一个人物的声音可以由更好的录音或经过 ADR 过程来替换。影像对象和同步整合的声音可以完全无关，直到他们被同步到一起，例如动画片中的人物。因为，在动画片中原始的对象不像故事电影那样，它是虚拟的，没有可替换的索引性的录音。反之，就是用新形成的索引关系创造一个单一的视听对象。

希翁也扩展了由谢弗（Schaeffer）在 1967 年提出的 3 种聆听模式：因果（causal）聆听由被聆听的信息组成；语义（semantic）聆听涉及对信息的解读，例如口头语言或其他编码的声音；简化（reduced）聆听，它涉及聆听"声音本身的物质特征，与含义的因果关系无关"（希翁，1994，25-29）。这 3 种聆听（因果、语义和简化）与皮尔士的索引、象征和图示概念紧密对应。把希翁的聆听模式和皮尔士对能指 - 对象关系的分类关联起来是可行的（见表 5-1）。

表 5-1　希翁与皮尔士概念的比较

聆听模式	能指 - 对象关系	描述
简化聆听	图示	声音本身的特征，而不是声音的含义或发出声音的对象
因果聆听	索引	与发出声音的事物、地点或对象的关联
语义聆听	象征	习得的关系或规则，产生于特定语境下声音使用的结果

　　虽然希翁的聆听模式的焦点在于对声音的接受，而皮尔士的概念是扩展了的模型，将对声音的创作与接受都包含进来。关注 3 种聆听模式和声音设计的 3 种分类，我们就可以构想出控制声音构成声带的不同手段。

　　两种模式之间存在如此明显的关联，我认为并不是偶然的，也不是抄袭。反之，应该因为它是常识。皮尔士使用了第一性、第二性和第三性的术语，开始看起来有点任性、令人费解。我们可以明白它们是如何被应用于不同类型的声音设计的。聆听声音纯粹关注其特征而不涉及其他事物，聆听明显只关注一个对象或行为的声音本身，意味着声音和对象是相互关联的两个事物。通过学习、习惯或社会传统，作为连续使用的声音的结果，将三个事物结合到一起：声音、对象以及对以前用途关系链的认识，形成了声音的含义。

沃尔特·默奇（Walter Murch）

　　默奇关于呈现给观众的内容与观众会产生什么感觉之间的概念差异的观点，与皮尔士所描述的诱导推理相符合，电影就是被设计来启发思想的。

　　对我来说，这是所有电影的关键，无论剪辑还是声音。你启发观众去完成那个你只画了一部分的圆。每个人都是独特的，他们都以自己的方式来完成这个圆。当他们完成时，最出色的部分就是他们会把完成的部分重新投射到电影上。他们实际上在看部分由他们自己创造的电影——两者按照画面比例并列，然后与声音相对于影像并列，然后影像跟随声音。

[贾勒特（Jarrett）和默奇（Murch），2000，3]

因此，对于默奇来说，电影人的关键作用就是为每个观众自己的创意打好基础。视听"面包屑的痕迹"（*trail of breadcrumbs*）可作为诱导出现，然后它可能被随后的事件也可能会被影片前面场景的回忆支撑或改变。这些概念化的点，而后可能被集中起来创造叙事元素之间的联系。在符号学术语中，它意味着给观众足够的时间来构想符号的对象，然后创造解释项，它给予符号含义。

汤姆林森·霍曼

在《电影电视声音》（*Sound for Film and Television*）中，霍曼把声带分为 3 种功能：直接叙事、潜意识叙事和语法结构（霍曼，2002；2010）。着眼点并不在声带上的个别声音，而在于它们组合起来的作用。虽然，声音直接的叙事功能通常是通过同步的声音完成，如对话或同步的声效，但直接叙事与潜意识叙事的区别在于直接叙事是为了被关注到。潜意识叙事成分，被设计成观众并非直接注意到，或就是为了不被注意。同样，声音的语法功能可能与其处理方式及使用的特定声音相关。

作为直接叙事成分，我们可以说，除了作为一种符号系统的、实际说出的口头语言之外，人物的对话也具有索引和图示的作用，是可以操纵的元素。它是索引性的，是它为人物的对话提供了一种因果联系，就像人物的视觉表达指向实际的人物一样。它起到一个参照作用，或电影表达有效性和真实性的证明，而电影和声音共同作用来塑造一种可认知的真实。从某种角度来说，人声也是图示性的，它具有能体现特征的和特别的音质，与说出的话语无关。潜意识叙事的声音，当那些声音的特征使它们进入观众大脑中，在生成含义的过程中就可以被理解。它们是那些不能或不必直接或完全认识的对象。当然，对话在最真实的意义上是最具象征性的。我们将对话作为文本的语言来理解，因为语言的词语具有象征意义。如前面描述的，各种符号学概念，可被应用于从声音从业者角度创作声带的过程。当含义被逐渐创造时，对背景声、声音隐喻的运用，声音的添加，声音的润色或声音的情感内容即为含义被赋予符号的过程。根据外部信息，对象和解释项的分离，可使声音在第一次使用时将含义赋予声音符号，它们随后被重新呈现。

对于霍曼声音的语法功能来说，皮尔士的不同类型的推理（诱导、归纳和演绎）可被用来研究声音符号意义的形成过程。电影声音已有的代码和声音的传统，可让我们理解听到的内容，如主题音乐、作曲配乐、叙事、人物对话、越过剪辑点连续的背景声等，所以，我们可以推断或归纳它们的含义。诱导是在信息不全时出现的过程。例如在电影的开场或是开始玩视频游戏时，我们看到的是"不完整的画面"——这个声音是什么呢？那个声音的声源是什么？声音如何和我们看到的画面相关呢？等等。就是这些猜测促使观众自我启发或创造含义，在后面的过程中这些自我创造的含义或得到证实，也可能需要修正。这种声音的语法部分决定于我们过去的观影经验，它让我们认识了某种声音或声音运用的习惯，例如，主题音乐或声音越过画面剪辑点的使用表示连续性。对于许多声音符号而言，声音语法的含义是为了使其起作用而依赖影像，例如主观镜头可以使用声音、画面或两者一起来创造。确实，主观镜头和其声音同样需要一定量的学习来认同，因为他们需要从观众旁观的视点转到与参考者相同的视点。

分析范例——《窃听大阴谋》

科波拉的《窃听大阴谋》（*The Conversation*, 1974）既是一部出色的电影，也是对这些概念应用很好的说明。开场段落为这个模型提供了一些元素的示例，它们是如何能被应用于声音、声音/影像组合，以及它们在推动叙事中的作用。开场的字幕段落很长（见图 5-1），缓慢的变焦镜头展示繁忙的城市广场，伴着有回声的音乐表演，慢慢地某种很特别的金属声音变得明显起来。我们看不到声源，也听不见任何可以看到的正在发生的事（长镜头）。画面跳转为一个男人在房顶上看着这个场景（见图 5-2 和图 5-3），另一镜头切换到他的主观镜头，透过狙击手枪上的望远镜瞄准下面的广场（见图 5-4）。伴随着这个主观镜头的是种奇怪的金属声。

图 5-1　《窃听大阴谋》——开场城市广场

图 5-2　《窃听大阴谋》——屋顶位置

图 5-3　《窃听大阴谋》——屋顶狙击手

图 5-4　《窃听大阴谋》——从狙击手主观视角看到的两个人

　　如图 5-4 所示，逐渐地，画面和声音开始一致起来，这两个人现在既可被看见（通过长焦镜头）也可被听到（不时地伴有金属的失真声）。当那特别的声音听起来与两个谈话人的视觉影像同步时，我们逐渐认识到两者之间有某种联系。直到我们看到哈里（Harry）[吉恩·哈克曼（Gene Hackman）扮演]上了一辆停在路边的面包车（见图 5-5）。在这辆车里面，他的助理通过录音设备在监听那两人的谈话，同时我们可以继续听到那两人的谈话，我们才意识到屋顶上的"狙击手"实际上是用话筒而不是步枪指向那两个人。哈里问他的助手录音效果怎么样，当画面依次展示各位置的话筒时，我们可以听到各自的录音效果。

图 5-5　《窃听大阴谋》——哈里·考尔（Harry Caul）登上路边停着的面包车

对这个段落来说，我们可以对《窃听大阴谋》开场的几分钟应用几个本书正在讨论的概念。将图示、索引、象征、诱导、直接和动态对象，以及解释项的范例都展示出来，以便创造一个在勾起观众好奇心的同时又有叙事创意的开始场景。即以创造性的方式来构建这个场景，故意保留信息，以不明确的方式构成声画组合，故意控制或模糊它们被理解或解读的方式。

在符号学术语中，金属音最开始是纯图示的——它不包含索引任何东西的关联，同时也缺乏象征的含义。如果我们用希翁的术语来说，我们的聆听应该是简化聆听，因为声音没有因果或语义。我们对"狙击手"直接对象的理解，根据新的信息有所改变，变成了不同的动态对象：一个人用话筒指向下面的广场。金属声的直接对象，一旦与通过长距离拾音的话筒相关联之后，新的信息就变成了一个动态对象。同样，这些动态对象现在暗示不同的东西——同时创造了一个新的动态解释项，在这个例子中是一个隐蔽的话筒不完美的录音结果。图示的声音开始逐渐获得了一种与声源（话筒）索引性的联系，而后又变成了象征的、有含义的，因为我们看到是对两个人的监听录音。诱导随着场景的推进，我们关注声源或有回声的音乐、奇怪的金属声音、"狙击手"和两个说话的人，声源也会根据新的体验或新的信息而改变。随着我们知道的信息增多，我们的假设、猜测或得到支持，或者根据附带的经验而被修正。

总结

理解我们的声音世界（或在一般意义上更广泛的声音），理解我们的感觉。听觉和其他感官带给我们感知——通过感觉给我们带来对事物的印象。任何事件发生时是否都为这些感官感知，取决于感官的组合形成感知的能力。在这术语中，图示的声音或感知仅仅停留在模糊的印象阶段。一旦认识将声音与一个对象、事件、声源绑定后，它就变得与另一事物相关了——就变成了一个概念。头脑中某些东西把两个事物联系起来了。一旦其他的概念由某类图形、习惯或规则相关联，这个概念就可能变成象征性的。

　　一直以来，相对来说很少有人采用皮尔士的符号学模型进行媒体或声音研究。这部分可以由两个学科的历史来解释：皮尔士的主要著作和译文出版相对比较晚。皮尔士同时代的索绪尔的著作是用法语写成的现成的符号学体系，正好是理论家们需要采用的模型。索绪尔的模型继续被人采用，其与皮尔士的模型有本质区别。虽然，皮尔士生活在照相和无声电影时代，录音和无线传播正处于新技术的婴儿期，但其著作中已经结合了一些声音符号作为范例。声音先前是转瞬即逝的，一旦声音录制和重放成为可能，声音便"解绑了因果之间的联系，将阴影和其主体分开了"（默奇，2000，2.1）。

　　我们非常熟悉惊人、复杂的象征系统，例如人类语言，人类对其的运用、理解和操纵能力经过了千年进化。其核心是很简单的概念，最简单的声音可能相对没有意义，或可能只与其声源相关；同时，可以毫无理由地指代一个概念，这是社会意义的认同或习惯。这些概念可以被如此成功地吸收运用，看起来严格、明确，而且足够灵活，必要时可被更好的概念所取代。

　　心理声学向我们展示，声音可以以流的形式存在，它可以被观众组合到一起以便从不想听的声音中分离出来。这种能力说明，我们可以凭借我们双耳进行聆听，我们具有对声音定位的能力。这与立体的视觉以及可以移动或把头偏向一边来检查和确认的能力相配合，我们可以运用两种独立的感觉来交叉确认声源，可能是树上的一只鸟或我们背后有个人在喊我们的名字。符号学提供了一种概念框架，可被看作可以习得的可形成含义的"建筑材料"，它也是一种可以理解的模型，有其含义形成的固有过程，可以达到我们理解、了解事物的目的。

　　在某种程度上，视听作品是完美的应用这些概念的领域。无论电影或视频游戏，通常开始向我们呈现的都是空白的银幕，而后逐渐提供给我们声音和影像，从某处希望我们开始理解其意义。如果我们应用符号学的诱导概念，它是创造含义"假设阶段"的结果，我们就会把新呈现的信息添加到我们当前的理解中，我们的理解或与新信息相同或被改变；如果新信息支持当前的假设，这时它就会被吸收以加强我们的假设；也有可能我们的假设需要调整，以解释新信息或新体验。一部电影开场的镜头、人物、地点、事件、音乐、台词等，总是会被理解为有意义，纯粹是因为它们是影片中首先出现的事物。随着我们对电影理解的深入，可能认出我们最初不认识而后来认识或记起来的内容。然后，这里的对象可能没有被认识或最初没有被认识，所以我们的理解可能是不全面的，后来，理解可能改变了。也就是说，我们最初对我们听到的假设的理解和其可能的含义将随着时间而不断深入。

注释

1. 例如，皮尔士利用对色彩的感觉，不用其他特别的参照即可存在。虽然这只是部分正确，因为我们只能通过与其他已知色彩的对比来判断一种色彩。

2. 感谢阿列克·迈克豪尔（Alec Mahoul）的优雅范例。

3. "Literal" 这是指其是非图示性的。

4. 雷声是闪电中由于空气的膨胀引起的，它造成了冲击波并被作为雷声听到。

5. 例如，宙斯（Zeus，希腊）、朱庇特（Jupiter）（罗马）、索尔（Thor）（挪威）、雷公（中国）、修洛特尔（Xolotl，阿兹特克）、赛特（Set，埃及）和纳玛坎（Namarrkun，澳洲土著）都是雷神 [斯宾塞（Spence），2005]。

6. 在其形而上学的对实用主义的致歉中（1960），皮尔士写道："我们得区分直接对象（Immediate Object）与动态对象（Dynamical Object），直接对象是符号本身代表的对象，它的存在因此依赖于其在符号中的表达，动态对象的现实性通过某些途径促成了符号对其的表达"（皮尔士、哈茨霍恩和威斯，1960，4.536）。

7. "银幕上的"（On-screen）音乐或叙事时空的（diegetic）音乐，通常指"有源"的音乐以区别作曲（score）的音乐，这一般为非叙事时空的音乐。虽然其区别不是那么明显，因为很多"银幕上的"音乐被非叙事时空的音乐所装饰润色，模糊了银幕上和银幕外、叙事时空和非叙事时空的界线。"作曲音乐"（Scored Music）指非叙事时空的音乐，虽然它经常指交响乐，但这里音乐用来表示声带中出现的任何非叙事时空中的音乐元素。

8. 当然，决定某人是笑还是哭或某人在哭时表达的是什么情感可能有点困难，因为释然的哭和痛苦的哭看起来没什么区别。

9. 虽然光与声音的传播速度不同，这使得声音会落后于视像（声音传播速度为340m/s，而光在空气中的传播速度是3×10^8m/s，或对于实际的目的来说可以是即时而无限的），这意味着我们可以在眼见声源时即刻听到声音，距离更大时声音可稍落后于视像。

10. 同步整合（Synchresis）是新的与影像同步的声音，两种元素的同步整合产生新的视听对象。参阅附录 A 中的"synchresis"。

11. 这种音箱通常直接位于银幕背后，还放的声音指"中间声道"的内容，与左或右音箱声道或环绕声道相对。在中间声道中放对话的手段已被世界上所有电影人运用，以维持连续性，而不是尝试与在银幕上的可见的物理声源位置相匹配。

第6章

《金刚》
（*King Kong*，1933）

引言

《金刚》[库伯（Cooper）和舍德萨克（Schoedsack），1933]发行于经济大萧条时期，是一部在几个方面都有突破的电影。首先，它是第一部"票房冠军"，在其发行的几年里就有200万美元的收入，其制作成本只有67.2万美元；第二，它使用了定格拍摄技术[由威利斯·奥布莱恩（Willis O'Brien）和马塞尔·德尔加多（Marcel Delgado）制作]，它在乔治·梅里爱（Georges Méliès）开创的技术的基础上取得了巨大进步；第三，它是第一部全部使用原创音乐的有声长片；[1]第四，它是非动画电影中第一部设计角色声音的电影。

《金刚》的处理手法在后来几年中一直被电影人所采纳、改造。电影人想要的电影化效果的制作是通过对现存的带有某种象征含义迹象的录音的操纵完成的，实事上这一直是电影设计师们的标准化操作。开始是作为解决声音问题的办法，但也是进行声音设计探索的极富成效的途径，特别是从极富创造力的声音开始。

《金刚》的声音效果

自从录音成为可能之后，它"解绑了因果之间的关联，将阴影与其主体分割开了"（默奇，2000，2.1），声音可能的表达机会为创作提供了潜在的广阔天地。在制作《金刚》的时候，录音和将声音后期处理后再与画面同步的能力还相对稚嫩，虽然那时在动画片领域内与实拍故事片相比而言，已经制作出了更多富有创意性的工作的说法还存在争议，但因为与实拍电影不同，动画片并不与任何实际影像有绑定关系。[2]

墨雷·斯皮瓦克（Murray Spivack）在加入FBO制片公司（后来成为RKO）之前是一名交响乐队中的鼓手，他于1929年进入电影行业，电影正在向对话片转型。他为《金刚》创作的声效在塑造令人信服的巨兽中起到了重要作用，只有在加入声音之后这个巨兽才活灵活现起来。斯皮瓦克已经在电影中制作出了很像

恐龙的声音，但之后得知，那种生物不会叫，因为它们没有声带，反之叫声更像
"咝咝"的声音 [戈德内（Goldner）和特纳（Turner），1976，190]。没有就此按
照真实情况来呈现，斯皮瓦克选择了更戏剧化的方式，把 RKO 声音库里各种动
物的叫声混合成再加上一些他自己制作的声音。制作《金刚》的过程中，在接受
《大众科学》(*Popular Science*) 杂志社的采访时，斯皮瓦克解释了制作这个巨型
怪兽声音时的难题：

> "但是，为什么呢？"我问，"有些现有动物的叫声不能用吗？比如狮子的叫
> 声？"

> "现有的动物叫声的问题在于，"斯皮瓦克说，"事实上，观众认识它们。即
> 使最恐怖的声音都会被认出来。还有，多数的吼叫声都太短了。我知道大象的叫
> 声最长，但也只有八九秒种。金刚最长的叫声有 30 秒，包括 6 个最高音，有 3
> 秒长的拖尾"。

> "三角龙就像放大的野猪或是犀牛，更像野猪，也许因为有 3 只大角从头上
> 凸出。这个小家伙只有 25 英尺（约 7.62 米）长，但在电影里它叫起来像公牛，
> 它刺伤了一个人，把他抛进那被遗忘已久的丛林——伴着反向还放并拉长的大象
> 的叫声"。

> [布恩（Boone），1933，21]

斯皮瓦克描述了处理过程的开始，他的助理先看剧本，去寻找剧本需要什么
声音，在文档中注释为"声效列表和大约造价，1932 年 6 月 19 日（日期）"（戈
德内和特纳，1976，195-199 ）。文档列出了不同的声效素材，它们可能需要购
买，还有"声效列表"中需要拟音的声效。所需的声音都是相对直接的声音，如
风声、船的雾号、警笛、枪声、飞机声等，还有动物的声音（吼叫声、咝咝声、咆
哮声、低吼、哼声等）和其他与身体相关的声音，如脚步声、打斗声，这些是需
要拟音的。

开始，斯皮瓦克联系了卡内基（Carnegie）自然历史博物馆的馆长，咨询像
金刚或其他生物的叫声听起来是什么样的。由于没有得到有用的答案，斯皮瓦克

开始利用自己的推理：

我想："那我要怎么弄呢？现在，我得想出一些声音，得想出一些切实可行的办法"。我不想要任何玩具一样的东西，我也不需要卡通的声音。我要的东西要有可信性。所以，首先我做的就是去动物园。我给了一个动饲养员10美元，我说："我想要这只狮子叫，要那只老虎叫，我想要这些动物叫，长颈鹿，大象……。我想要尽可能多的声音，我带着便携话筒和录音机，我可以把这些声音录下来。"他说："好吧，做这事最好的时间是喂食的时候。"所以，他说："我来喂它们，然后喂完之后，我让它们叫。"所以，他喂它们，然后他走到笼子外，好像要把食物拿走。它们叫了，它们大叫起来！那正是我要的声音。

[斯皮瓦克和德吉曼（Degelman），1995，54-55]

得到了狮子和老虎的叫声，然后斯皮瓦克得把它们加工成观众不能辨认的声音。

得到了我需要的声音，但还不够，因为你会听出来那是狮子的叫声，那是老虎的叫声。我的设计就像留声机，如果你放慢唱片，它的音调会下降。所以，如果想把它降一个倍频程，我就得把它的速度降低一半，音调就会下降一个倍频程。同时，那个低音会在人的听域之外。没有什么动物的吼叫声有那么低的频率，当然，如果你把它放慢到一半速度，声音就会拉长。所以，我拿老虎的叫声，进行同样的处理，又把它反向还放……同时把狮吼声正向还放，也用同样的速度，将它们混合，所以听起来就认不出是什么声音了，当然仍是吼叫声。那么低的频率，低于人耳的听域。同时，声音持续的时间也很长。所以，我做了很多种渐变，多种大小的差别，以期把它们定制好。

（斯皮瓦克和德吉曼，1995，55）

翼手龙最初用的是鸟叫的声音，而霸王龙也是使用原始动物录音，把声音放慢，使音调变低，隐去原始特征，达到所需的效果（斯皮瓦克和德吉曼，1995，56）。在谈到声音设计过程时，斯皮瓦克描述了制作过程中的困难：

你知道，我开始制作声音的时候，他们还没有进行画面剪辑。所以，在之前我就有了大部分要用的声音，在后面把它们和画面同步就行了，那部分工作就不是很困难了。最困难的部分是制作一些合理的声音，没有玩具感，不能像平庸的卡通片那样。

（斯皮瓦克和德吉曼，1995，60）

得到"符合实际的""令人信服"并且"合理"的声音，给了我们作为选择性强化概念推理的线索。斯皮瓦克采用了一种接近真实的处理（虽然完全是伪造的），运用了日常生活中人们所理解的常识。首先，更大型的动物会发出更低沉的声音；其次，动物声音的特征，如鸟叫或大猫的吼叫，可以用作具有相同特征的生物叫声的基础，但体量更大。在符号学术语中，这可以被描述为转换可认知的动物的图示和象征性声音，把它们变成足以指代其新的声源，同时保持声音表现的能力，因此，在声画之间创造一种新的索引关系。

一旦录到了原始声音，在定制的 4 路调音台上将不同的声音以相对电平混合，就可让斯皮瓦克对照画面还放出新设计、组合起来的声音。

我用同样的方式制作我需要的所有声效。我不需要它来制作火车的声音，我知道那些声音听起来如何，我是要制作那些奇怪的声效。这就是我怎样制作声音的。

（斯皮瓦克和德吉曼，1995，57）

当金刚和霸王龙战斗时，每个生物的声音还要区分开。因为两个生物的叫声都是基于调低音调和放慢速度的录音，它们就失去了某些独特性，因此恐龙的声音就要使用一些不同元素来进行创作：

斯皮瓦克把原有的美洲狮叫声和空气压缩机像蒸汽一样的声音混合起来，再加上他在录音棚里录制的自己喉咙里发出的距话筒时近时远的声音。它们的混合比例如此精确，每个声音段落在混合之前都需要经过许多次试验，测试通过音箱放出的音量和音质，其结果就是那些专家观众们判断时都声称："金刚和霸王龙的声音听起来就应该是这样的"。

［布恩（Boone），1933，106］

　　斯皮瓦克的两种基本处理——把录音反向还放，把还音速度放慢。这虽然打破了它们与可认知声源的索引关系，但仍保持了声音中某些图示的特征。通过把声音反向还放，音调的特征被保留，但失去了声音形成的感受。例如，反向还放语言的录音，它就不能被理解了（因为不同语言元素象征的顺序不再形成语言的含义），但是声音本身的音调特征（及其具有的图示性质）可被识别出声音源自人类，也可识别出是男性还是女性。放慢还音速度进一步改变了声音与其声源的关联——我们的自然界告诉我们，低沉的音调意为大型生物发出的声音。小一些的动物发出的声音音调比成年的动物发出的声音要高些。利用这种方法，自然发声的生物的声音可以被创作出来，同时保留其原始录音中的属性，而后可以被操纵、调整，以便隐去其声源特征，同时保留了声音隐喻的含义。

　　创作金刚捶胸的声音，斯皮瓦克的团队试验了定音鼓、地板，最终采用了助理自己捶胸、把话筒贴在他背部的方式。对于其他生物的声音，斯皮瓦克和他的助理沃尔特·G. 伊利奥特（Walter G.Elliot）采用了相似的方法来创造，这后来成了所谓的声音设计，包括以人声来制作：

　　利用一切在录音棚里可以找到的简单装置来创作各种各样的声音。伊利奥特用一个小时的时间对着一只空葫芦哼哼，用话筒放在适宜的地方拾取三角龙深沉的低吼和哼唧声；第二天早晨他又半躺在地板上，嘴里含着水，对着传声器咕哝，制作动物临死时的咕噜声。

（布恩，1933，106）

　　金刚的"爱情哼唧"声不是使用这种方法录制的，而是斯皮瓦克录制自己的咕哝声，然后就像前面用过的调低声调 / 慢放来使其无法被观众辨认为人的声音（斯皮瓦克和德吉曼，1995，56；库伯等，2006）。就像我们可以区分发怒的动物和快乐的动物（如狗和猫生气或高兴）一样，这样制作的声音加入了我们所需要的特征，让它可以传达含义。在皮尔士的术语里，声音的含义（其解释）是创造出来的，因为我们以对动物和人类声音的经验来认识符号的情绪倾向。因此，我们可以在部分认识的人声图示（当与金刚的口型同步时，就可提供一种与他的索引关系)与习得的声音象征的含义之间建立隐喻的关系,借着后者,我们可以理解他的情绪状态。

有些非常有趣的声音也具有图示性,在表现德纳姆(Denham)的电影摄制组在岛上拍摄的段落中,摄制组里没有声音团队。即使在《金刚》中,声音也不被表现为影响到电影制作过程的组成部分。

看起来,好像声音在电影中没有技术基础,没有什么工作内容,是自然而然的,到时候"就出现了",就像德纳姆见证的奇观一样。而且,经典的范例也让我们相信,对我们所见证的声音没做什么,声音就在那里了,从我们看到的影像中流淌出来。

[高曼(Gorbman), 1987, 75]

声音听起来并没什么选择、创作或设计的内容,这种说法从 1933 年起便预示了人们有等级之分地对待画面与声音的态度,这持续了很多年。

《金刚》中的音乐

不仅仅是为画面配上一段音乐,他的音乐围绕着电影剪辑组织。

[在彼德·杰克逊(Peter Jackson)谈马克斯·斯坦纳(Max Steiner)为《金刚》制作的最初版本的作曲中,库伯(Cooper)和舍德萨克(Schoedsack), 2005]

为有声电影和无声电影作曲最主要的区别就是对无声本身的使用。在无声电影中,连续不断的作曲音乐是标配,因为音乐不连续时没有其他声音来掩盖,而在有声电影中,有对话和声效可填充音乐之间的声音空间。在无声电影中,无论是已有的音乐、即兴的音乐、还是专门作曲的音乐,只能宽泛地与影像同步,最多只能在关键时刻指代转变。如果音乐与情节配合,它也只适合可以即兴演奏的乐器演奏者,因为即兴演奏音乐在与画面同步的同时还要与其他演奏员保持一致是极其困难的。后期同步上去的声带可以结合无声片音乐的方式——强调场景背景情绪的音乐——再与突出故事的关键因素相结合 [布勒(Buhler),纽梅叶(Neumeyer)和蒂玛(Deemer), 2010, 322]。

这可以使作曲家的创作更灵活，不用顾及"西方音乐所需要的语法结构的完美" [布朗（Brown），1994，94]。反之，短的乐句和独立的动机在需要时就可以使用，伴着长段的更传统的主题，这在独立音乐作品中是不可能实现的。马克斯·斯坦纳是好莱坞在转向有声电影时期最早的一批最成功的作曲家之一。他是无源音乐（非叙事时空的）的支持者，斯坦纳在改编其作曲时协助定义了电影音乐语言的界限，以及好莱坞电影声音的标准 [比海姆（Beheim），1993，122；威特金（Witkin），1991，218]。

斯坦纳出生在奥地利，十分有音乐天赋，16 岁就成功地为轻歌剧作曲，歌剧在维也纳的奥芬剧院上演一年。并且他还出版了一些作曲的作品，同时参与过维也纳交响乐团的演出 [戈德内（Goldner）和特纳（Turner），1976，191]。斯坦纳为《金刚》的作曲全部是原创，是专门为这部影片而作。影片前 20 分钟根本没有音乐，斯坦纳的理由是，因为影片的前半部分关注的是正在展开的消沉和压抑氛围，没有音乐的话效果更好（斯坦纳，1976）。在电影开场纽约市的场景中没有音乐，也使得人物的动机难以确定，特别是当德纳姆（Denham）说服安妮（Anne）参加他的探险时。

一旦影片把对当前时间的关注抛在身后，开始进入未知，配乐把纽约和现实抛开，就开始转向表现模式的故事叙述。当船到达骷髅岛并穿过雾气时，音乐用来制造一种神秘的气氛和未知感。随后，影片中大部分片段都有音乐，影片余下的 79 分钟里有 68 分钟的音乐 [汉佐（Handzo），1995，47]，影片大约总长 100 分钟。[3]

感谢交响乐的威力，以及它可被用作影片中体量和状态的指代，斯坦纳是被聘请来为《金刚》创作全部原创音乐的。

作曲家在对特别的情绪作曲时，相对说来比较容易完成任务，但判断场景需要什么样的情绪以及如何以音乐的方式表现则难得多。

[多伊奇（Deutch），2007，6]

斯坦纳采取瓦格纳（Wagner）风格的音乐主旋律，把音乐主题与特别的人物相结合，而不是简单地突出某种特别的情绪，用来表现安妮这个人物以及后来她与德里斯科尔（Driscoll）之间的关系的爱情主题，这是在电影开始不久建立起来的。斯坦纳也使用一种风格样式的音乐来为叙事添加了一些元素，但当时那个时代的人并不认可，被贬意地比作米老鼠式音乐（Michey-Mousing），[4] 同时代的作曲家米克洛斯·罗萨（Miklos Rozsa）持批评态度："我非常不喜欢，我不想去好莱坞的原因之一就是我认为你不得不这么做"[布郎（Brown），1994，273]。

但是，斯坦纳坚持电影音乐就是要为戏剧内容服务，他争论说，批评这种实践是没抓住重点。

"米老鼠式音乐"，真可笑。你认为军人在行军，你准备怎么办？音乐一种方式，影像一种方式吗？那会把你气疯的。这里需要进行曲，还要伴随行军的脚步。如果你说这是米老鼠式的音乐，对我来说没什么。

[施赖布曼（Schreibman）和斯坦纳，2004]

这种风格在卡通片采用之后变得更为人所熟悉，这个名称就是从那里得来的。这样使用的音乐也可以用符号学术语来描述。通过音乐来突出戏剧内容，可用于强化故事中已有的符号，在音乐与故事之间创造隐喻或象征的关系。这种技巧在整部影片中运用很多。例如当部落首领第一次注意到德纳姆的伙伴，他走下台阶时伴随的低音弦乐，并与他的脚步相配合，伴随他整个走向德纳姆的过程。其他在《金刚》中使用的米老鼠式音乐的例子如下。

• 当安妮被迫走上台阶被铁链锁住时的不断上行的音乐。
• 当德里斯科尔"偷偷绕过"死去的霸王龙时，伴着"脚尖"的音乐。
• 当金刚看似在"逗"安妮时，伴着同步的木管颤音。
• 当德里斯科尔走下岩石，向安妮走去时。
• 当被举起的火车下落到铁轨上时。

除了米老鼠式音乐，音乐也被用于突显或强调其他故事元素。当船长为酋长翻译对话时，音乐被用来强调岛民的语言，为这种外语增添了第二层非语言含义。同样，回到船上时安妮/德里斯科尔的爱情主题音乐被船长的问话打断："德里斯科尔先生，你上船了么？"画面回到他们两个拥抱的镜头时，爱情主题音乐恢复，当船长再次问话时又被打断："你能来下驾驶室吗？"

简单的象征性的关联，如向上爬升的音符可能与银幕上发生的事有很实际的联系。利用音乐与叙事元素的同步，可以通过先前对音乐主题的体验或习惯启发我们对叙事的解读，运用诱导的概念去解释影片的含义。以符号学术语来说，通过同步，音乐被用来创造一种象征性的含义或习得的联系，可以启发更广泛的对叙事的理解。对于其他音乐与叙事之间相对直接的联系，如"偷偷绕过""脚尖""逗乐"的音乐，观众被期望将这些音乐理解为在故事解释中有明确的作用。例如，在金刚逗安妮时，音乐的处理使我们对金刚产生好奇、态度变温柔，而先前它是很吓人的。

斯坦纳对动机的使用再现了音乐与人物的象征性联系，为音乐种下了暗示人物的种子。《金刚》主要的三音符下行音型主题也伴着开场字幕，而有一种变体也用于安妮的主题，就像另一个爱情主题一样。杰克（Jack）的"勇气"主题是个四音符的音型。在一个段落中，音乐把一些主题交织在一起，如土著人的舞蹈就点缀着安妮的主题，同时，杰克的四音符动机伴着营救的努力。土著人的主题也被德纳姆用口哨吹着，伴着（非叙时空的）交响乐。在《金刚》中没有叙事时空和非叙事时空的严格分界，吉姆·布勒（Jim Buhler）把这称为"奇妙"。

> 例如海岛上的音乐，既不是叙事时空的，也不是非叙事时空的。实际上，我应该在我们所听见的和我们所看见的之间找到奇妙的空白处。但如果没有某种叙事时空／非叙事时空之间独特的声音，这空白甚至听不到。

（布勒等，2003，77）

甚至在影片中明显的有源音乐，如"土著人献祭的舞蹈"中，鼓是唯一能看到的乐器，伴奏音乐是交响乐。以音乐来象征不熟悉的内容是一种快捷手法。其唯一的特殊性就是非西方化，以及其重音与更西方化的交响音乐的传统形式和交响乐比肩而行。对一般的西方观众来说，一种打击乐的重音和重复就足以说明一种部落的或奇怪的环境。为骷髅岛使用的"纯五度"音乐是一种结构性标志，用于表现土著美洲人，是一种表现异域或土著的快捷手法。到 1933 年，已经很好地确立了可以利用的样板音乐，以柴可夫斯基的《胡桃夹子》为例，用来表现从北非到东南亚多种多样的地域特色（布勒，纽梅叶和蒂玛，2010，205-208）。

我们第一眼看到金刚时，伴随的音乐是他的主题曲（在开场字幕出现时），每次金刚战斗时都会出现。当金刚把安妮放在它在骷髅岛上的悬崖顶上的家中的壁架上时，金刚的主题曲已经换成了安妮的主题曲。我们和安妮一样，被引导着不太惧怕金刚了，同时把它看作一个保护者，它确实把安妮从巨型蛇怪手中救了下来。在帝国大厦的最后场景中，前面被用作安妮或安妮和德里斯科尔的主题曲带出了爱情主题。在这里，它表面象征金刚和安妮之间的关系。当飞机出现时，我们看到金刚最后一次举起安妮。通过使用安妮的主题曲而不是金刚的主题曲，它被用来表示金刚不再是威胁，而是保护者。通过相伴的音乐，金刚这个人物已经从野兽变成有爱的保护者了。在德诺姆（Denholm）最后的台词："是美女杀死了野兽"中，我们听到了金刚主题曲的反复，但这次当它躺在人行道上时变成了忧伤的尾声。

在符号学术语中，我们用声音创造的象征标识，其含义可以由观众来创造。第一次看电影时，音乐独特的段落不容易被观众认识，因为它们都是原创音乐。相反，有些使用的音乐主题是可以被辨认或具有被辨认的性质的，它们被用来表达特别的地点或情绪，之前就已经出现过。这些音乐段落充当声音的符号，他们的关联或规则可以被认知为："它们代表它们的对象，独立与各自相像的或有真正的关系，因为意向或人为解释项的习惯，确保了他们可以被理解"（皮尔士，1998，460-461）。

斯坦纳为《金刚》的作曲示例了许多应用于电影音乐的符号学概念。瓦格纳式动机的使用，在人物与音乐主题之间建立了一种符号学联系，在音乐主题中以特殊的编曲和可接受的地域、人文、行为和情感的文化表达创造出图示的和象征的表达。音乐与情节之间紧密的同步，试图在电影与音乐之间创造一种貌似因果（索引）的联系，这里音乐对情节作出响应和反应，而不是预示或描述它。同步也促使或要求音乐与叙事之间有某种象征性的关系，同时我们先前的知识或对音乐主题、编曲的熟悉，让我们获得额外的知识，可帮助我们理解。在音乐与叙事之间建立了象征的关系之后，我们被引导着通过诱导解释含义，例如共情金刚的动机和他与安妮的关系。

总结

《金刚》从 1933 年发行起就受到观众的青睐，对电影人也仍然有着巨大的影响力。它通过创造从未见过的魔幻世界，创建了票房霸主的模板。其采用的方法是突破性的，相当重要的就是其对音乐和声音的使用，音乐真正成为电影成功的创作伙伴。从斯皮瓦克把日常世界的声音转变为《金刚》中生物的声音到本·波特（Ben Burtt）为《星球大战》（卢卡斯，1977）所作的声音设计之间有一条直线。同样，斯坦纳的音乐为电影音乐作曲创造了蓝图，自那之后，它已被用于无数的电影中。

使用一些符号学工具，我们也可以研究制作声音的电影人的工作过程以及其制作结果。对怪兽声音设计的开始，可能不是从真的生物开始，因为它们除了在幻想中，既不存在或早已灭绝。这迫使或促使一种所希望的结果主宰着声音选择的工作方式。如果需求是一种巨大、吓人但又可信的怪兽，那么为了达到需要的目标，那些特征就会被寻找、处理与制作。在音乐作曲中，斯坦纳保证，创作一种可与故事及人物交织的音乐。

同等重要的是《金刚》也证明了在声带的创作过程中音乐与画面合作的本质。无论从电影艺术的角度去看《金刚》的声带，还是从声音设计的角度或仅仅是解决声音问题的角度去看，被用来创造非凡的角色和他们的世界的工作而开发的技巧和选择，被证实为一代代声音设计者和作曲家富有成效的灵感之源。

注释

1. 原创音乐（Original Music）一直用于指以前有声电影中存在的声音，有些原创音乐是为无声电影而作，如《一个国家的衰亡》(*The Fall of a Nation*，1916) 和《战舰波将金号》(*Battleship Potemkin*，1925)[布勒（Buhler），纽梅叶（Neumeyer）和蒂玛（Deemer），2010，274-275]。斯坦纳（Steiner）在《金刚》之前为 3 部影片作过原创音乐，分别为 :《六百万交响曲》(*Symphony of Six Million*，1932)、《天堂鸟》(*Bird of Paradise*，1932) 和《最危险的游戏》(*The Most Dangerous Game*，1932)。

2. 例如，参看《汽船威利》(*Steamboat Willie*)[伊沃克斯（Iwerks），1928] 或《快乐旋律》(*Merrie Melodies*) 和《乐一通》(*Looney Tunes*) 系列，它们开始于 1929 年，还有《下沉在浴缸里》(*Sinkin' in the Bathtub*)[哈尔曼（Harman）和伊辛（Ising），1930]，有很丰富的声效和音乐的表达。

3. 在开场片名之前有 3 分钟的序曲。

4. 米老鼠式（Michey-Mousing）这个术语应归功于《金刚》的执行制片人大卫·O·塞尔兹尼克（David O. Selznik）。

第 7 章

《老无所依》
（*No Country For Old Men*）

导论

《老无所依》[科恩兄弟（Coen），2007] 是多个奖项的得主，包括奥斯卡最佳导演和最佳改编剧本，还有声音和声音剪辑的提名。它也赢得了美国电影声音协会（Cinema Audio Society）的声音混录奖，两个美国电影音频剪辑师协会（Motion Picture Sound Editors）的奖和 BAFTA 的最佳声音奖。它也许是比较少见的声音受到关注、被挑选出来在评价中也受到赞扬的电影。

这部有着强烈反响的影片中的主角是沉默无声的，只有影像、空气和喘息声……沉默加深了孤独的猎手莫斯（Moss）开始时通过他的望远镜看到的毒品交易与屠杀的恐怖——被抛弃的皮卡车、躺着的尸体、甚至是被杀后正在腐烂的狗的尸体（布洛林（Brolin）的大部分表演都是沉默的）。沉默突显了齐古尔（Chigurh）跟踪莫斯从一家汽车旅馆到另一家汽车旅馆逃跑时的高度紧张感（沉默被齐古尔的某种跟踪接收器的哔哔声打破，它的"鸣叫"像是要发生大乱的警告）。沉默伴随着忧伤的治安官在得州高速路上开着车，沉默充斥在空气中，当齐古尔举起那把怪诞的无声的武器，一个接一个地杀戮生命，场景残酷如地狱。

[施瓦茨鲍姆（Schwarzbaum），2007]

这篇文章另一段选自《纽约时报》：

在一个场景中，一个人坐在很暗的旅馆房间里，这时他的追逐者走在他房间外的走廊上。你听到地板的吱呀声和接收器的哔哔声，看到追逐者脚的阴影遮住门底下缝隙透过的光。脚步声离开了，后面的声音是很微弱的旋动走廊灯泡的声音。沉默和慢速唤醒了你的感觉，让你抑制住心跳，正如最单纯的电影含义——"去看！去听！别出声！"——你的注意力完全被吸引住了。你不会相信下面会发生什么，即使你知道它就要来了。

[斯科特（Scott），2007]

斯吉普·里埃弗塞（Skip Lievsay）为每一部科恩兄弟的影片工作，他描述了为影片创作声音的过程：

"电影悬念惊悚的氛围，在好莱坞传统上几乎都是由音乐来完成的，"他说，

"我在这里的想法就是丢掉安全网，让观众感觉到他们知道要发生什么。我认为它可以让电影更加具有悬念。你不是被音乐引导，所以你没有了那个舒适的区域。"

[林姆（Lim），2008]

另一位与科恩长期合作的卡特·布尔维尔（Carter Burwell），赞同声音创作的方向，创作了一种很克制、极简的音乐。影片中的音乐实际上是"听不到的"，以克劳迪亚·高曼（Claudia Gorbman）所理解的概念，就是这种音乐对观众来说是感知不到的，或者说不是有意识地听到的。[1]

无论什么时候，我对着《老无所依》还放一种传统的音乐，音乐都会使影片变得不那么真实；它减少了紧张感，削弱了观众的体验感。最后，《老无所依》中的音乐减少到仅用正弦波和颂钵（singing bowls）产生的音调，没有任何形式的突发声音。这些音调淡淡地进入声效背后，就像风或汽车的嗡嗡声，然后调性和音量随着戏剧效果而改变，但就像热锅中慢慢腾起的水汽，观众的耳朵知道此刻正在发生什么。声音设计师斯吉普·里埃弗塞和我合作，将声效的调（音高）与音乐相配合。

（布尔维尔，2013，169）

仅使用几个元素，任何添加进去的其他东西就会变得引人注意，同时会影响到其他元素。相对安静、整洁的声轨给已有的声音增添更多的含义，它们因此被突出了。不使用音乐来强调已被其他手段构建的感受，沉默围绕着稀疏的声音，突出了情境固有的戏剧性。对于沃尔特·默奇来说，沉默无声是终极象征性的声音。

如果你在影片中本应该有声音的地方不使用声音，观众就会用自己制造的声音和感觉去把它填满，他们每个人都在回答"为什么这么安静？"这个问题。如果向沉默无声的倾斜角度正确的话，你就会把观众带到一个陌生而美妙的地方，这时电影就变成了他们自己的创作，这种方式比其他任何方式都要深刻。

（默奇，2005）

例如，当卢埃林·莫斯（Llewellyn Moss）[乔什·布洛林（Josh Brolin）饰]

查看被破坏的毒品交易的现场时，正如我们一样，他领略到了他所看到的，还有后来他向小河下游游泳逃跑时，被狗追逐，这里的场景一直没有音乐。电影里的声音，只有自然河流的声音，以及两个人和狗用力的声音，直到莫斯开枪。

这里我们将使用一种符号学分析法，着眼于某些关键概念以及它们的演变。这样，我们可以将影片中一些声音作为符号使用。如果我们把每个声音都作为符号，那么我们必须也把每个影像作为符号，整个范围内的符号相互关联，同时每个符号的语境影响其解释。如在《老无所依》这样的电影里，它运用提供或维持信息的技巧、提供模糊的信息的方法，促使观众去推理含义，然后利用观众的期待使观众沉浸于叙事之中。我们知道的、看到的以及听到的，我们认为我们知道的，我们认为正在发生的或将要发生的，都被用来让观众在他们观看并倾听时，从叙事中创造含义。在影片的几个阶段中，存在着需要填充信息的空白，以便知道正在发生什么，以及将要发生什么。

在影片前面，有些重要的声音元素被引入。一般一部影片的开场，仅仅是引入主题、人物或地点，也向观众展示声带如何与影像互动。第一个展示三个主要人物的段落，在介绍人物自身的同时也展示声带中运用声音的手段。

第一，安东·齐古尔（Anton Chigurh）选择的杀人武器——一支压缩空气枪，显示出将要发生的事是通过使用相对来说无害的影像和声音：一瓶压缩空气，打开时有轻微的咝咝声。但在使用前已经建立起来了气瓶和打开阀门时的声音之间的关系，因此，仅仅看到被拎起的气瓶、小心地放下气瓶或听到气瓶阀门打开的声音，就足以表示其将被用作武器。看到气瓶、听到阀门的咝咝声，建立起了气瓶被用作杀人武器的关系。在符号学术语中，特别是咝咝的声音用来象征性地暗示即将发生的攻击。

第二，人物的对话，特别是安东·齐古尔［哈维尔·巴登（Javier Bardem）饰］，使用了语言本身的含义，也以一种特别的方式说出，也是行为过程的能指。一旦被认识之后，齐古尔就用这种风格化的对话重复着他的问题，同时其即刻的后果就变得相关了，与影片中之后的事件相关联。当我们后面听到齐古尔重复一个问题时，我们就会预期一场暴力的出现。正如气瓶的声音在符号学术语中一样，重复的问题暗示着未来行为的过程，基于我们已经看到过的和听到过的，以及他们是如何相关联的。

第三，信息含而不露，视觉和听觉信息都是如此，只让观众从给出的影像和声音中自己推测含义。不给出明确的因果，观众被放置于与给予他们的符号适当的联系中（皮尔士的术语——不明推论，abduction），这再次将观众的视点与人物的视点对齐。我们就像电影中的人物一样，努力从我们所知道的信息中理解发生了什么。

压缩气瓶和气枪的声音

我们先看到压缩气瓶由县治安官助理放到警车上，他已经拘捕了齐古尔，然后他向县治安官汇报："他拿着个氧气瓶，好像因为肺气肿还是什么，袖子里有根管子"（见图 7-1 ）。

图 7-1　《老无所依》——气瓶的镜头

在杀了治安官助理之后，齐古尔拎起气瓶和配件，配件撞在椅子上发出独特的一声"呼"。声音虽然不大，但气瓶的声音在声带中的作用是明确而独立的，在其他声音（包括音乐）中清晰可辨。开着偷来的警车，齐古尔在高速路上慢慢在一个人的身边停下，拎着气瓶走过去。

当齐古尔到了莫斯所在的活动房边上时，我们看见气瓶被拎着走上台阶，我们只能看到男人的靴子，但是气瓶和管子表明这个男人是齐古尔。我们看到气瓶被拎着走，并且听到伴随的嗞嗞声。我们仍然看不到人物的脸，他被气瓶和独特的靴子的影像所暗示（图7-2）。压缩气枪被用来冲掉门锁。

图7-2　《老无所依》——男人走近那扇门

　　简明而有效的电影制作是通过建立影像与声音符号之间的关联实现的，它们的意义是通过他们之间的相对缺失而强化的。仅仅看到、听到气瓶阀门被旋动就足以创造一种紧张感，观众就会预知接下来会发生的事情。从气瓶的影像和阀门微弱的嗞嗞声，我们首先会期待角色之间激烈的对抗。通过对这套装置视觉元素和声音（阀门的嗞嗞声以及气瓶的磕碰声）的突显，我们的注意力指向这套装置本身，因此它成为迫近的暴力的声音符号。

重复对话的使用

　　场景1：路边——在齐古尔第一次使用压缩气枪时，他的对话为以后和几个人的相见定下了基调："请下车"和"我需要你走下车来，请吧，先生"。这重复成了一个声音符号，它预示着他要使用压缩气枪了。重复的对话预先形成了杀手和之后将要发生杀戮行为的符号。人物的语言和之后的事件之间的象征关系本身可能不强，但它变得很强，因为这两个主题之间的关系一旦建立起来后，它就会在之后影片中重复。人物在整个影片中重复着同样的问题，同时他好几次使用了压缩气枪或其他武器。

场景 2：加油站——这时，齐古尔已经杀了两个人：警察以及他把车停在路边时杀的人。在加油站，齐古尔和加油站工作人员说话，最终让他投硬币看对错："投呀""你就投就行了""你得投，不然我没法帮你投呀"。最终加油员猜对了，齐古尔转身走了。我们知道将会发生什么，但是因为那个人猜对了投出硬币的面，齐古尔没有执行他预设会做的事。不明推论没有完全正确，但两种结果也都没错。我们已经知道更多有关齐古尔这个人物的信息，这次没有实际发生时，我们对重复的对话和攻击之间关联的假设进行了修正。

场景 3：齐古尔在活动房办公室——后来，齐古尔来到活动房办公室来询问莫斯的去向。齐古尔反复询问活动房办公室的妇女："他在哪儿工作？"（见图 7-3）妇女被激怒："你听见我说的了吗？我不能给你提供任何信息"。这时，重复的对话印证了我们早先看到的齐古尔的行为，我们现在非常明白齐古尔要做什么，虽然这个妇女不知道。我们可以基于先前的在重复的问题和很可能发生的攻击之间的关联进行不明推论。

图 7-3 《老无所依》——齐古尔询问"他在哪儿工作？"

但是，齐古尔被马桶冲水声打断了（见图 7-4），他没说一句话就走开了。马桶冲水声是有人在附近的信号，因而打断了已经开始的过程。观众内心期待出现的行动过程再次受挫，我们的假设一次又一次维持着，虽然需要再次修正。这种情况下，在含义形成的过程中，不明推论根据进一步的证据而修正，需要观众主动参与到含义形成的过程中，而不是单纯被动地接受着。

图 7-4　《老无所依》——齐古尔听到马桶冲水声

不泄露信息

我们已经看到齐古尔是如何准确找到钱和莫斯的。我们看到并听到齐古尔的追踪接收器发出的哔哔声（它的发射器藏在装钱的箱子里），他的车在接近旅馆时指示灯和哔哔声都变得急促起来。这个段落是这样展开的：

旅馆房间——莫斯到了新旅馆，坐在房间里时，我们注意到他拿着的藏在钱箱里面的发射器，他现在知道了他一直怎样被跟踪的了。听着门外轻微的响动，他给前台刚刚跟他说过话的服务员打电话——我们清楚地听到电话拨号的声音、听筒里的回铃，还有楼下传来的电话铃声。

电话没人接听，同时我们听到了屋外传来的响动。莫斯坐在床边，用枪指向屋门，把灯关掉。我们开始听到脚步声走近门口，同时还有微弱加快的追踪器的哔哔声，然后是"咔哒"关上它的声音。

莫斯坐在床边用枪指着屋门。他注意到门外有东西的影子（很可能是齐古尔的腿，见图 7-5）。我们看到莫斯枪的特写，听到机头打开的声音。停顿了一下后，我们看到影子离开了（见图 7-6），然后听到很微弱的吱扭声，随即走廊上的灯熄灭了。

在随后的黑暗和沉默中，我们看到莫斯有些疑惑。他和观众一样，在一两秒钟之后才意识到那吱扭声是拧松走廊上灯泡的声音。门锁被冲开并打到莫斯，然后他向仍然关着的门和墙开枪，然后从窗户逃出，齐古尔紧随其后。

图 7-5 　《老无所依》——旅馆门外的影子

图 7-6 　《老无所依》——影子离开

　　旅馆后面——莫斯跳到旅馆外面的地面上，捡起他的枪，还有一箱钱，又跑回旅馆。

　　旅馆大堂——莫斯进来后走过旅馆前台，看到打翻的猫的牛奶，先前接待员站的地方空了。

　　这个段落可以有几种编写、拍摄和剪辑的方式。表现齐古尔进入旅馆是可以理解的，他杀死前台接待员，在慢慢上楼梯时跟踪器发出的哔哔声节奏在加快，画面在莫斯和他的追踪者间切换，后者接近他的房间，剪辑节奏加快。在这样的场景中，紧张可以通过有源音乐或是作曲音乐来制造。反之，这个段落也可以发生在莫斯的旅馆房间内，不用展示齐古尔的走近；事实上，齐古尔没有出现在画面中。通过限制使用影像和声音，仅让观众看到和听到莫斯所看到和听到的，确实可以让观众从莫斯的角度实时、有效地体验。我们只看到门缝下的亮光和影子，只听到他从房间里听到的；安静的和很小的声音提示，如电话铃、哔哔声、哔哔声停止后的静默，以及灯泡被拧下时的声音。

虽然隐约地使用着简单的声音，但重要的结果仍然可以被推测。这给了我们一个机会去定义那些声音以及理解声音的来源，然后在那个特别的环境中理解它们的含义，既从人物的角度，也从至今为止我们已获知的影片内容的角度去理解它们的含义。

· 莫斯电话的听筒——我们听到他的电话无人接听。

· 远处传来的电话铃声——我们推测那是他打给大堂人员的电话。

· 脚步声——我们听到缓慢的脚步声接近房间。

· 哔哔声——我们在寂静中听到快速的哔哔声，暗示我们齐古尔已经找到莫斯了。

· 吱扭声——开始时我们不确定这个声音是什么含义，虽然我们看到灯光熄灭，要等一下我们才能明白发生了什么。

在符号学模型中，无论是其对象还是其含义都不必是恒定不变的。注意到一个声音仅仅是第一步。认出声音的声源是第二步。理解声音符号的含义是一个过程，其中环境非常重要，需要诱导思维来创造一种即刻的解释项，它可通过归纳来测试。段落随着电影片段信息的积累而推进，我们猜测声源，以及它们的含义——我们听到远处呼的一声。我们看到莫斯拨电话，号码很短，我们猜测它可能是旅馆内线电话，我们听到听筒里传来的回铃，所以知道那边无人接听，我们也听到远处传来的铃声，也许就是楼下大堂里的电话在响？为什么前台的人不接电话呢？通过控制可使用的声音和透过主观镜头传递的故事信息，通过视角、构图、剪辑和混录，观众需要融入电影之中，以便含义被创造出来。

总结

使用声音符号来表现对象，让对象被表达时不需要视觉表达。声音的对象代表着客观对象。例如，嗞嗞声代表压缩气瓶，进而是压缩气枪。重复对话的使用伴随的是暴力，暗示一种因果联系。一旦顺序是这样，那么重复的一种象征关系就会与随后发生的行为联系到一起。第一次使用重复的对话，自身不会创造一种象征关系，这就是皮尔士概念里的第一性，即一种可能性。第二次使用重复的对话，我们想起了第一次使用重复对话时的情形，同时可以形成不明推论，即同样的过程可能即将出现，这就是皮尔士的第二性概念，或两者之间的关系。第三次使用重复对话时，我们可能会猜测这种模式已经成型，这就是皮尔士的第三性概念，成为一种规律或习惯。在两种情况中，我们被促使去猜测，然后下次遇到这样的测试时进行验证，发现只有部分正确。我们猜测的是齐古尔这个人物而非他的行为。

通过有保留地不泄露信息，留下的声音相对比较简单，但是它们具有非常独特的语境含义。声音符号的对象可能简单，但它们的解释传达的某些内容超越了简单的声音对象本身。马桶冲水的声音不仅是个实际马桶在冲水的符号，也是一场杀戮被制止了的标志，虽然潜在的受害者并不知道其意义。模糊的影子在门缝下，然后离开，留下门缝下的一道亮光，当灯泡被拧下后光亮就消失了，它不仅表明门外的对象，还表明门外是个杀手。灯泡拧动的声音是个声音能指，但是其声源或其含义并不明确，直到光没有了之后观众才能意识到声源。故意不泄露信息，迫使更多的意义被置入余下的空间，促使我们填补概念的空白。

这里的声带，与其他电影制作的元素（剧作、画面剪辑、摄影、表演、导演）结合在一起，提供了足够的信息，但是不会提供更多信息。它使观众努力去创造含义，同时使那种含义接受挑战和修正。值得注意的是，旅馆房间的场景在完成的影片中，与剧作描述的完全一致。[2] 故意模糊某些声音的描述，如在莫斯给前台打电话之前听到了一个声音：

从某个地方传来隐隐的"呼"的一声。声音很轻，几乎听不见——压缩机开机、关门，也许是其他声音？这声音使莫斯警觉起来。他坐起来倾听，没有进一步的声音。

（科恩兄弟，2006，100-101）

它是这样写下的，也是这样设计的：使用声音和影像创造叙事。只有合适的声音和影像元素的交织，以及其剪辑的协调运用，它们才能够相互配合。整个段落是以莫斯在旅馆房间里的视角展示的，没有对话，简明但有效，声带中含有相对少的声音，但正是由于相对稀缺而蕴藏了含义。在齐古尔摘掉了走廊灯泡之后，沉寂即刻围绕着人物，气瓶的咝咝声就可以被想象出来，它需要在这里出现，它如此接近沃尔特·默奇的理想声音的概念，在这里是可以实现的。我们可能刚刚听到了它，或我们认为听到了它，从某种程度上来说，这已无关紧要，一些暗示就已经足够了。

注释

1. 克劳迪亚·高曼描述了经典好莱坞组合、混录和剪辑的严格原则——首先是不可见，第二，不可闻："音乐不是为了有意去听的，这样的话它应该从属于对话、从属于影像——从属于最主要的叙事载体"（高曼，1987，73）。
2. 参看《老无所依》的剧本草稿（科恩兄弟，2006）。

第 8 章

非故事片中的声音

声音和非故事片

从早期纪录片时代开始，很明显，电影技术到现在也主要与故事片相关。1922年，罗伯特·弗拉哈迪（Robert Flaherty）制作了通常被认为是第一部纪录片的《北方的纳努克》（*Nanook of the North*）。影片中，加拿大东部昂加瓦（Ungava）半岛上勤劳的因纽特人纳努克（Nanook），在非常贫瘠的土地上做着传统的劳作，靠打猎和捕鱼为生，建造传统的冰屋。就电影本身来说，《北方的纳努克》在许多方面都有所突破，从那时开始，它一直就是有关纪录片伦理道德问题争论的焦点。《北方的纳努克》采用了几种可识别的纪录片风格——"重现、调度、观察者模式、人种学、探险、诗意实验电影、参与模式、故事片、肖像式、旅行日记、风光片、冒险电影、自然电影、故事片与纪录片的混杂"[齐默尔曼（Zimmermann）和齐默尔曼·奥雅什（Zimmermann Auyash），2015]。

影片是因纽特人与弗拉哈迪努力合作的成果，弗拉哈迪花了 16 个月与因纽特人一起生活，追随纳努克和他的家庭走过不同季节。在拍摄过程中，或许是出于弗拉哈迪的要求，或是他们自己的鼓动，参与者使用起了老式的鱼叉，虽然他们早已使用步枪来打猎了。同时，同一事件被拍摄了很多次，以便可以在不同角度间切换镜头。弗拉哈迪所关心的是通过聚焦纳努克，讲述因纽特人的故事。对于《北方的纳努克》和后来其他的纪录片来说，有几个关于纪录片实践的严格而固定的规则，确实就如同丹尼尔·莱威（Daniel Levi）指出的——"有很多双向交往跨越了虚弱的本体论界线"[引自朱哈斯（Juhasz）和勒纳（Lerner）的文章，2006]。弗拉哈迪的动机是否远离了严格的实际表达，是否成功表现了他想象中的或是希望去表现的因纽特人，这一点仍然处在争论中。纪录片人和其他各种形式的非故事片制作者们，寻求找到由术语"纪录"或"非故事"片表达的实际含义，但是这些问题在声音加入后就立即变得更加复杂了。

新闻片

新闻片是第一种广泛存在的非故事片类型。开始于一百多年前，百代（Pathé）公司引进了《法国百代杂志》(*The Pathé Journal in France*)。后来在1910 年 6 月英国开始发行此杂志的英国版本，名为《百代生活报导》(*Pathé's Animated Gazette*)，1911 年，出现了美国版本。在 1927 年声音出现之前，其在影院中一直是无声的新闻片。无声新闻片如业内领先的周新闻《奇诺节目》(*Kinograms*)，被纽约国会剧院选为每周的专门新闻，无声新闻片于 1931 年才退出历史舞台 [菲尔丁（Fielding），1972，84]。

声音的出现从根本上改变了节目可能出现的形式。福克斯公司的摩维通（Movietone）为了更好地利用声音，将其新闻片的关注焦点转到更广泛的 3 种类型——名人对话、声音景观和音乐演出 [迪威尔（Deaville），2015，47]。对于常规的新闻来说，声音很少形成干扰。一次少见的例外是企图对意大利王子翁贝托二世（Umberto Ⅱ）的刺杀，在他出访布鲁塞尔献花圈时，刺杀行动之后的混乱被摄影机和录音机捕捉到了，乐队在奏乐，一声枪响之后有人尖叫，而乐队并不知道发生了什么还在继续演奏 [迪威尔，2015，48]。这场通过实际录音对真实生活的见证，几乎是录音可能性的副产品。

随着新闻片的发展，声音的实践也在发展。档案式非故事电影的声轨通常都有对话，音乐和音响效果是在拍摄后（与拍摄是分开的）录制的。虽然从字面上理解，新闻很明显是档案类的，对于影像和声音的使用是有某些原则的。某些最早期的非故事电影中声音的运用是通过给影像添加声音来实现的，这些声音都不是开始就有的。很多情况下，在新闻片中使用的技术先于纪录片中对技术的广泛使用。在 1946 年有关新闻片声音的文章中，沃伦 M·麦格拉斯（Warren M.McGrath）描述了为创作新闻片声音而开发的技术和设备：

在达到所有主要的新闻制作公司都可接受的具体方式之前，新闻片的声音经历一个成长的痛苦期是不可避免的。早在 1932 年，解说式的新闻故事片很流行，直到今天也因为它是表现时事最容易被理解的方式而仍然被人接受。当然，其结果就是对现场环境声的需求稳步下降，而新闻套片员的工作则变得日益重要。就是通过他的工作，把解说和音乐、音响效果混合起来，偶尔有自然声出现，其结果是令人满意的合成声带，声音贯穿新闻片始终，每周都不变。

（麦格拉斯，1946，371-372）

无论是因便利、经济、叙事的需要，还是美学的要求，伴随新闻片的声带经常来自某种真实的录音，最好来自其视觉主体。它是对视觉影像有意设计的伴音，有时它可能在同期拍摄时无法录制，而是在后期制作时添加进去的。在《欧洲空战》（*Air Battles Over Europe*，英国百代，1944）中有一些空战镜头，表现出了巨大的无法克服的同步录音的困难，在有飞机声音的同时还有音乐和解说。正如字幕表明的，它突出的特点就是表现实际战斗机之间的"混战"——纪录片解说揭示道："隐藏在机翼上的摄影机见证了实战的胜利"。这样的视觉证明由声音所装点，这声音很明显是后期添加的，虽然绝对证明这点很困难，就像声音制作的本质一样。

这种视听新闻，在今天看来是作为当时的新闻片呈现的，但没有说明它是否由原始同步声音制作，如果不是的话，声音是什么时候添加上去的呢？"英国百代在线档案"提供了大量的有声电影，但是很可能最初是无声拍摄，后期添加的声音。英国的《记忆时刻》（*Time to Remenber*）系列纪录片是20世纪50年代末制作的，使用的是档案式新闻片。《足够了……1917》（*Enough of Everthing...1917*）[贝利斯（Bayliss），1975]的特点是解说不时地加上声效和音乐。对于1957年观看这部纪录片的观众来说，显然解说是当前的，因为很明显解说是斯坦利·霍洛威（Stanley Holloway）的声音，他扮演的人物和诙谐的独白非常有名。不确定其他的声音和音乐是否为当时添加进去的。爆炸、机关枪和飞机的画面与声音同步，虽然它们不是与影像同时在第一次世界大战时录制的，或许是在影片中有展现的俄国革命时期录制的。

正常电影制作的程序，依赖一种基本的原则，即将"隐藏人为痕迹"作为制作实践的基础。然而，讽刺的是现实主义的声音有时听起来并不真实。通常电影中的现实主义实际上是现实的幻觉。声音可能是与影像同时录制的，但也可能是在拍摄结束之后创作出来的（全部或部分）。作为观众，我们怎么知道我们看到和听到的东西是真实的呢？在这种语境下，真实就意味着不改变原始录音吗？是否可以删除那些听起来不真实的声音呢？或结合不同的元素来重建一种更具表现力的（声音）事件版本呢？

　　新闻片中足球赛观众的声音或战争时战斗机俯冲的声音几乎可以肯定是在没有声音的情况下拍摄的，声音元素如解说、音乐和声音效果是在后期添加的。回望 20 世纪早期的新闻片，档案影像和后来填补的声音之间的"不般配"存在将要消失的倾向；同时对于这种历史性的档案材料来说，随着年代变得久远，它逐渐获得了真实性。虽然声带很明确是在后期添加上去的，但是它却获得了其档案的特质，因为从某种角度来说，它说明了新闻是如何被展示给现代观众的，虽然声音是添加进去的元素，但严格说来，声带中的伪造物意味着某些虚假的东西。

　　在创造不同类型的叙事中，声音的用途开始在许多作品中得以探索。澳大利亚一部名为《强大的征服者》(*The Mighty Conqueror*)[麦克多纳 (McDonagh)，1931] 的影片，拍摄的是著名赛马 phar Lap。它使用的某些技巧可以作为早期影片的范例，为电影人开创了创造性使用声音的新可能性。[1] 在《强大的征服者》采用的戏剧技巧中，开场标题的镜头是马在马厩的地上打滚，伴随的声音就是实际它发出的声音的录音，而不是音乐。第二个段落是两个演员喝酒的一系列镜头，他们看着外面悉尼港大桥的景色，为了容纳事先写好的两个人讨论这匹著名赛马的旁白，镜头从背后拍摄（见图 8-1）。然后这个旁白用作声音桥（跨在画面剪接的两边）从室内转到室外，通过一个横移的蒙太奇，看到他们正在参观一个赛场。有趣的是，在这个新闻片中，伪造并不限于声音。在一个段落中，两人讨论这匹马惊人的步伐，声音被用来掩盖画面剪辑的人为痕迹。旁白将注意力引向马的步伐，而不是电影的断续，其中的短镜头被重复了 14 次（见图 8-2）。

图 8-1　《强大的征服者》——悉尼港大桥的交待镜头

图 8-2　《强大的征服者》——重复了 14 次的镜头

同期录制的声音

1926 年，另一个澳大利亚电影人伯特·艾夫（Bert Ive）到澳大利亚西南部旅行，去拍摄一部关于在那里工作的伐木工人的无声纪录片。凯里（Karri）森林，红柳桉树是那里最高大、最坚硬的树木，拍摄既困难，拍摄地又偏远，却创造了一种浪漫的工作景观（见图 8-3）。随着录音技术的出现，艾夫再次拍摄了这个主题，拍摄了《在密林中》（*Among the Hardwoods*）[梅普尔斯通（Maplestone），1936]，使用奇沃克斯（Kinevox）录音机同步录音。

艾夫和自由职业摄影师兰西·帕西瓦（Lancey Percival）于 1927 年拍摄过同名的无声影片。在 1936 年中旬，艾夫和一位录音师重访了澳大利亚西南部的彭伯顿（Pemberton），去拍摄关于森林环境的影片，因为伐木工人通过使用斧头和油锯给森林造成的伤害是不可逆的。虽然这部影片长度是无声版的一半，但艾夫的导演林·麦普斯通（Lyn Maplestone）通过详细展示在贾拉（Jarrah）和凯利（Karri）森林里伐树的影像和声音，增加了影片的冲击力。

（NFSA 电影，2013）

图 8-3　《在密林中》——砍倒大树的人

1936 年的电影里有非常独特的伐树的声音，伴着伐木工的斧子高调的砍击声回荡在森林里，还有拉圆木的马和牛的领队吆喝的声音，这些圆木被拉到铁路线上，从那里再运送到木材厂（见图 8-4）。

图 8-4　《在密林中》——马和牛正在拉圆木

影片中没有音乐，仅有几幅字幕，没有旁白，但艾夫选择回到同一地点重新制作早先的纪录片，纯粹是出于录音技术的可用性。在两个版本的影片中有几点差异值得关注。首先，影片方方面面被重新拍摄的事实，使人感觉到使用声音重新拍摄绝对获得了某种东西。第二，这里有个心照不宣的认知，添加了声音后，镜头加长了，在新影片"更加关注森林环境"时，它"增加了冲击力"，同时新的有声片更有效，其长度比无声片更短。第三，录音的细节为影像单独表现时无法捕捉的内容作出了贡献：森林中斧子的声音，手提油锯的声音，蒸汽火车的声音，还有人们叫喊着围聚着拉着巨大圆木的马和牛穿过森林的声音。这部纪录片的声音都是伴着旁观者风格的影像同步录制的。电影人们把他们的角色定为严肃的"记录者"，所以我们看到并听到了伐木者们的工作。

早期的纪录电影

大概在同一时期的英国，通用邮政电影部门（General Post Office Film Unit）制作了具有里程碑意义的纪录片《夜邮》（*Night Mail*）[瓦特（Watt）和怀特（Wright）导演，1936]，它讲述了往返于伦敦、来德兰和苏格兰之间的邮政火车是如何工作的。它的音乐由本杰明·布里顿（Benjamin Britten）作曲，录音由声音指导阿尔贝托·卡瓦尔康蒂（Alberto Cavalcanti）监制。[2] 声带是由偶尔的解说伴着实际铁路车站的录音合成的，还有真实的邮政工人生硬的交谈，谈话内容是由导演哈里·瓦特（Harry Watt）和巴兹尔·怀特（Basil Wright）写的。影片最后部分的声带上是本杰明·布里顿的音乐，伴着奥登（Auden）专门写作的诗，其韵律配合着蒸汽火车的节奏。

> 这是穿过边界的夜行邮车，
> 为隔壁的姑娘和街角的小店，
> 带来支票和邮政汇票，
> 富人的信函和穷人的邮件。

（奥登，1936）

伴着奥登有韵律的诗和布里顿的音乐，第三种声音元素是由阿尔贝托·卡瓦尔康蒂提供的，他是个巴西电影人，一直为法国商业先锋电影公司工作，之后接受邀请为 GPO 电影部门工作。就某些卡瓦尔康蒂的纪录片中的声音显示出的技巧而言，不仅可媲美而且"在多层次声音的复杂性上"超越了同时代的故事片 [埃利斯（Ellis），2018]。杰克·埃利斯（Jack Ellis）描述了他的工作方式，许多现代声音从业者们仍致力于效仿。

卡瓦尔康蒂看起来总是很艺术，是位有个性的创作者，而且是个特别完美的技师。他将自己置于电影艺术的基本模式中——叙事故事片、先锋派和纪录片并且有完备的能力，具有场景设计师、录音师、制片人和导演等多重身份。一位迷人的旅行艺术家，有对世界都市的理解和鉴赏天赋，他教导并影响了很多其他电影人，同时在他参与的很多电影中有不俗的创新和试验。

（Ellis，2018）

卡瓦尔康蒂在早期电影声音领域中是个先锋人物，同时也是一个创新型导演，他是伊灵影片公司（Ealing Studios）的创始人之一，之后导演了具有影响力的影片如《48 小时》（*Went the Day Well?*，1942）和《他们使我成为亡命徒》（*They Made me a Fugitive*，1947）。自从电影声音领域变得开放之后，故事片和非故事片的技巧之间就没多大区别了。卡瓦尔康蒂 1939 年的文章描述了他为 GPO 另一部影片《北海》（*North Sea*）创作声音的过程，最好把它看作戏剧性纪录片。在那个时候，他在 GPO 的电影部门工作，只作为这部影片的制片人。他描述那些认不出来的或叫不出名字的声音的作用：

在我们拍摄《北海》的时候，我们要拍棚内崩塌的场景来表现船上的灾难。声音团队的人到 BBC（英国广播公司）和其他地方，但他们找不到一种足够"吓人"的声音组合。他们来问我，我告诉他们，他们得找到一种巨大的声音，听不出是什么响动的声音，与崩塌结合到一起。他们这样做了，使用一种吓人的金属声来表现船正在被挤压，开始在接缝处裂开。那是很出色的声音，因为我们不知道它是什么声音。

（卡瓦尔康蒂，1985，108-109）

卡瓦尔康蒂这里描述的特别技巧在今天的声音设计中仍然是最基本的指导思想之一。我们可能认为卡瓦尔康蒂和其他人的工作横跨非故事片和故事片之间，但故事片和非故事片的制作技巧有区别吗？在实践中完全没有真正的差异。对于诸如解说、人物、戏剧和幽默，每个人都使用语言作为旁白（叙事），每个人也都使用音乐来表现情绪、强调、谐趣和悬念；每个人都使用音响效果，为影片的戏剧性、现实性、谐趣和情境服务。另外，值得注意的是，每种情况下的声效都可能是真实原始的声音，也可能不是。

非故事片或纪录片与故事片有一样的基本元素，使用相同的技巧。就可操控的潜质来说，观众要想分辨或探知对于声音的操控则极其困难。虽然这对于故事片制作人来说不是什么问题，但它对于非故事片的工作人员来说可能是要考虑的。即使拍摄和录音过程中的参与者也不能分辨最后使用的录音是真实或是原始的，还是以某种方式改变或替换了（只有做这项工作的人才确切知道），先不谈这可能产生的伦理道德问题，就纪录片和故事片的制作来说，二者有明显的相似性，当然它们有一些值得注意的差异，如，纪录片特别注意同步声而非后期制作，因为有些场景通常不可重复。

纪录片传统

无论主题是历史、政治、战争或是传记，纪录片声音总是令人好奇。"掩盖人工痕迹"的原则也是存在的，以适应观众对真实表现的期望。纪录片的"现实主义"经常意味着"真实的幻觉"——现实主义只是一种表述 [莫雷（ Murray ），2010]。有时，真实录音是纪录片故事的关注点，而有时关注点是影像，同期录音可能根本无法实现。我们也承认纪录片中的真实声音，也可能具有丰富的含义，无论是语言、真实音效或音乐。

便携式无声摄影机的开发，如 1933 年的米切尔 NC(Mitchell NC，新闻摄影机）以及一年以后隔声的 BNC 型摄像机使纪录片拍摄发生变革。[3] 与摄影机同步的录音设备一起，摄影机和录音机可以一起对正在发生的事件作出响应。这简化的将摄影机放在肩上而非放在脚架上的形式，意味着摄影机和录音机都是可移动的了，可以自由移动对事件作出响应。"有同步声的移动摄影机的新闻报道的潜质令人激动。我们整体有了新规则：我们用手提装置拍摄，不用三脚架、不用照明、不提问题，不再要求任何人做任何事"[温托尼克（Wintonick）书中的理查德·利科克（Richard Leacock），2000]。

　　这新的观察者式的拍摄风格，在英国被称作自由电影（Free Cinema），在法国被称作真实电影（Cinéma vérité），美国将其称为直接电影（Direct Cinema），它意味着重心的转变，不仅是技术上的转变，也是制作电影初始根本原理的改变——"它绝对与剧作、设计、计划、加工的纪录背道而驰。它要的是你得到了什么，而不是得到你想要的，如果你能明白我的话"[温托尼克（Wintonick）书中的理查德·利科克（Richard Leacock），2000]。技术的可行性，如手持摄影机和同步录音设备让这种新风格的电影制作成为可能。其核心是，它成为电影人的另一种选择，即在其发生时可以录制实际的声音——无装饰的、即兴的。

　　在极端情况下，直接电影是纯粹的旁观，其对于更传统的纪录片的影响是本质性的，因为标准的纪录片实践逐渐采用并效仿某些旁观式的方法。如果基于叙事需要的话，一段不佳的录音仍然可以使用，只要它的叙事是有效的，同时编年顺序在总体上被采用，因为它建立因果叙事。这不可避免地需要在后期进行某些形式的处理，即使拍摄是以旁观者的风格完成的。杰弗里·鲁夫（Jeffrey Ruoff）用一部美国家庭电视系列剧（An American Family TV series，1993）作为案例进行研究，描述了这看似旁观者风格的纪录片，却遇到了某种类型的后期处理，突出了不时出现的声带中的伪造，例如一个段落拍摄时是无声的，声音是后期重录的。

　　在当代纪录片中，例如那些出自迈克尔·摩尔（Michael Moore）之手的纪录片，充分运用了声带具有说服力和叙事性的所有可能性。摩尔的《罗杰和我》（Roger and Me，1989）中人行道的场景，声音使用了旁白、解说、讽刺音乐、同期场景中的音乐、同期声音的混合配合影像。为了影片效果，有时使用同期声、有时使用声画对位。也许最值得注意的就是摩尔的《华氏 911》（*Fahrenheit 9/11*，2004）使用了一种简单但有效的黑画面，画面伴随着实际爆炸、建筑的崩塌、袭击之后的混乱与尖叫，而不是马上就可让观众认出是那天拍到的录像画面。

纪录片《永远的车神》（*Senna*，2010）和《艾米》（*Amy*，2015），导演阿斯弗·卡帕迪尔（Asif Kapadia）和制片人詹姆斯·盖伊 – 里斯（James Gay-Rees）采用了一种不同的方式，主题所限，很依赖档案材料，在《艾米》案例中采用了对认识她的人的采访录音。虽然两部影片都使用了大量的档案素材，但两者之间有一点差异。对于《永远的车神》来说，影像是一贯高品质的画面，是由专业人员拍摄的胶片或高画质视频，包括从世界一级方程式锦标赛直升机上拍摄的镜头。而《艾米》的画面是典型业余的素材，经常有手机拍摄的影像，结果影像比同时期电影的质量差。纪录片的主题在一定程度上解释了在使用档案素材和依赖相对低质影像来拍摄的《艾米》之间的差异。《永远的车神》的关注点是汽车竞赛，以电视的术语来说是一种主要为视觉的体验，而在《艾米》中的关注点为音乐和她的声音。纪录片的声音（她的音乐、她的歌唱、她说话的声音）是关注点，这让相对业余的影像的使用成为可能。

动画纪录片

动画纪录片使用生活访谈的素材作为动画片的基础。虽然英国阿德曼（Aardman）动画公司以《衣食住行》（*Creature Comforts*，1989）及其后续影片获得了巨大成功，但这些技巧在之前已被动画人美国夫妇约翰（John）和菲丝·哈布雷（Faith Hubley）在影片《月亮鸟》（*Moonbird*，1959）和《大风天》（*Windy Day*，1968）中使用过。在《衣食住行》中，尼克·帕克（Nick Park）使用了各种真实的、未事先编排的对市政住宅中的住户、老年人的采访，讨论他们自己的环境，还有参观伦敦动物园的人们的访谈。这些访谈人物所说的话都与定格动画拍摄的动物园中的动物口型对应。效果既迷人又幽默，但是可能多数人不会认为这是"纪录片",因为影像整体都是人造的,虽然声带是由纪录素材组成的。

考虑到纪录片通常是纪录影像加上整体人为制作的声音(言语、音乐、音效),我们可以认为《衣食住行》也是如此吗?对于许多人来说,定义纪录片的特征不是电影的技术手段,如摄影或剪辑,而是对其描写的意向。我们很快知道听到的访谈不是正在看的动画发出的,而是真实的可以辨认的人,并且访谈也不是编排的表演。从这个角度来说,纪录的元素在录音和声带访谈的剪辑中。拟人化的动画在支持叙事中执行一种相当不同的任务,提供一种幽默、对比和感伤。虽然将类似于《衣食住行》的电影解释为纪录片是一种延展,但动画纪录片的概念一直被其他人认可。

口述历史或长篇采访看似适合一种动画处理——一种"实况动作声"与动画影像的融合——特别是在对纪录片主体的视觉呈现有实际困难时。瑞典电影人大卫·阿罗诺维奇(David Aronowitsch)和汉纳·黑博恩(Hanna Heiborn)在他们的影片中涉及易受伤害的主体时就运用这种技术,例如不便展示的在矫正中心的孩子。在他们的动画纪录片《隐秘》(Hidden)[黑博恩,阿罗诺维奇(Heilborn,Aronowitsch)和约翰逊(Johansson),2002] 中,声音来自对吉安卡罗(Giancarlo)的采访。吉安卡罗是一个 12 岁的男孩子,他的影像用动画代替(见图 8-5)。吉安卡罗描绘他在秘鲁(Peru)过着孤独、无家可归、东躲西藏的生活。他的影像是隐去的。在《奴隶》(Slaves)(黑博恩和阿罗诺维奇,2008)中,讲述了另一个易受伤的孩子阿布克(Abuk),在 5 岁时被绑架的故事(见图 8-6)。

图 8-5　《隐秘》

图 8-6　《奴隶》

其他电影人也采用了这种用真实录音配动画的技巧。在美国电影《陌生人进城》(*Stranger Comes to Town*)[高斯(Goss),2006]中,用《魔兽世界》(*World of Warcraft*)卡通风格的人物来配合个人采访的录音(见图 8-7)。在澳大利亚,影片《就是这样》(*It's Like That*)[克拉多克等(Craddock),2005]中,用大量的手绘、计算机生成的影像和利用人偶和布偶的定格动画配合无限期拘留所里 3 个孩子的真实采访录音见图 8-8。

图 8-7 《陌生人进城》

图 8-8 《就是这样》

非故事电影片中的声音:时事,新闻和体育

在想到电视新闻、时事或体育时,虽然脑子里跳出来的第一件事可能不是声音设计,但是,同样的技巧也用在采集和剪辑素材的过程中,与那些为类型故事片和纪录工作的人一样。这里,声音被用于表现事实、解释和传达背景信息。如同纪录片制作一样,同期录音是关键。声效可被用于表达真实,对理解事件很重

要。在新闻和时事的制作中，旁白或叙事经常伴着影像，通常在事后讲述或澄清故事。虽然音乐在当下事件故事中并不罕见，但在新闻类型中一般不用，因为它会导致新闻"变味"，权威"叙事"正在被制作出来，而不是纯粹的"事实"的呈现。

虽然仍然属于非故事片范畴，但电视体育节目也许是最佳的作为电视类型混合模式的解释了，它介于"戏剧、新闻和轻娱乐"之间 [霍内尔（Whannel），1992，56]。逐渐地，大预算的电视体育节目需要比真实的声音更大型的音频，来与故事片和游戏美学竞争。从制作的角度来说，声音可以强化体验而不必试图提供一个事件的客观版本。在这里，有关声音制作的决策、声音服务和具体目的，将决定如何运用声音以及是否需要或保证一个真正真实的方案。

1970 年电视转播的赛马，出现了一个声音表现的问题。这个场地比一般的赛场或体育运动场要大许多，马围绕着赛道奔跑时拾取声音的问题一般是用人工填补的方式解决。虽然竞赛解说员的声音很容易获取，但伴着长焦镜头的马奔跑的声音是由马跑声音的循环圈配的，直到马回终点直道时"实况的声音"（话筒可以拾取的范围内）才取而代之。

这类声音技巧并不仅限于赛马。有些人把声音的真实性作为"事件在媒体事件上的指纹，或真实性的印封"[罗昂斯堡（Raunsberg）和山迪（Sand），1998，168]。昂特·马斯（Arndt Maasø）描述了在诸如滑雪运动中"训化野性声音"的过程，他们在训练过程中录制声音，实况转播时，在观众和机器噪声的干扰下，滑雪的声音被掩蔽很难听到时再放这些录音 [马斯（Maasø），2006]。对于那些假实况或近乎实况的体育运动转播，比如高尔夫比赛，有很多选手同时比赛，需要错时播出才能使每个关键时刻都被见证，但这可能是一段时间之前发生的。虽然电视摄影机都有长焦镜头，摄影机都被安置在高台上，可以把赛场实际很远的地点拉成相对近的景别，有限的漫游话筒可能不能捕捉到每次挥杆和推杆。确实，镜头本身不仅仅是唯一被替换的元素。CBS（哥伦比亚广播公司）因为发现在 PGA 高尔夫锦标赛的插入镜头中插入了鸟叫声而感到尴尬。福克斯体育节目也承认，通过给击打和接球添加声音效果而使声音更

"悦耳"，突出棒球的高光时刻，这些是实际运动的录音，但并不是动作的同步录音 [圣多米尔（Sandomir），2004]。

虽然一些观众认为这些通过添加声音效果来突出画面的方式很讨厌，因为它们不是实际事件的真实声音，但整体广播的声音设计值得关注。话筒布置不同或话筒数量不足，对于任何电视转播的体育赛事声音的影响都是巨大的。看过2010FIFA 南非世界杯的人也许都对呜呜祖拉（vuvuzela）有独特的印象，这是一种塑料的小号角，当整体吹起来时会产生一种让你想起愤怒的胡蜂群的声音。呜呜祖拉一直伴着 64 场锦标赛中的每一场比赛，它们给电视转播人出了难题。呜呜祖拉的音高相对恒定（大约为 233Hz 或中央 C 之下的降 B 音高），在电视转播时，可以用滤波器陷波过滤，可以让对这种嗡嗡声厌烦的观众好受一点。另一方面，如果将正在播出的内容看作是一个事件，但是事件中的声音被呜呜祖拉的声音所占据。去掉这声音将意味着转播不再是对体育场内的感受的再现，这就是习惯在体育运动场实况转播中应用"效果话筒"的原因。

非故事片声音的符号学

非故事片中的声音呈现出许多与故事片相似的特征。其主要的差异在于我们通常讨论的与真实性相关的感受。鉴于声带通常被操控使其感觉到真实，在隐藏这种操作的痕迹时，符号学的研究被用于分析现实主义、真实性、原始性、真实的概念如何与声音实践相关等。在皮尔士的著作中，真实性与真相是重要的主题，随着不明推论（abduction）的处理过程，标识并决定着人们相信真实或真相：

不明推论（abduction）是，在可确认眼下事物真实性的情况下，表明、承认它是这样的，这种推理的一般方法必定最终接近真实性，虽然不一定每次都准确……不同的不明推论之间只有一种相对的优势，这种优势的基础必须是经济合算的。也就是说，更好的不明推论是那个看似花费更少的时间、精力等得出的结果。

（皮尔士，1976，4：37-38）

在声音实践中，许多选择就是关于明确特别的声音－符号，以便它们可以被某种方式理解，传达一种现实主义的观念而非表现真实性。例如，同步整合（synthresis）可让一个声音与事件同步，并与被认为是实际声音的期待相契合。我们相信看到事物发出了那个声音是合理的，虽然我们知道这通常并不是实际的那个声音。没有预先的知识，我们不会知道那是不是原始的、真实的声音。通过声音与画面的同步，它就变成了真实的声音。我们决定什么是真实的或真正的，取决于我们对给予我们的信息的解释。在缺乏相对的冲突信息时，我们将寻求一种经济合算的解释并把它作为真实接受。

在《四个无能的某些结果》（*Some Consequences of Four Incapacities*）中，皮尔士第一个想法主要是有关真实的："我们没有反省的能力，只有全部源于我们对世界知识的假设、推理而得来的内心世界的知识"（1982，2.213）。我们决定某些事是否是真实的能力，取决于我们的感受和感知，这使我们能够体验世界。作为电影制作的编码，现实主义试图模仿这种生活经验，虽然创作模仿现实的编码会改变。在一个时代中回望另一时代时，确实散发着人造的气息。照片、血淋淋的恐怖片、2D 和 3D 电影，全部都利用现实的元素，试图模仿生活的体验。在声音的现实性中，声音设计师（录音师 / 剪辑师 / 混录师）的作用就是选择、创造、操纵声音或制作声音段落——那些被观众感知为真实的内容。

电影通常依靠掩盖人为痕迹来创造真实的复制品。通过剪辑镜头使以前不合理的变得合理，组成元素被剪辑进、剪辑出。镜头的取景突出某些事物而避开其他不要的事物，插入当时没拍摄的反应镜头。每种电影元素都是"根据故事的需要使用的"（麦茨，1974，45）。录制声带，在拍摄完成后也要进行创作。所以，我们怎么知道我们看到的、听到的是原始真实的呢？纪录片的观众可能在某个阶段对呈现给他们的素材提出疑问：在剪辑之前发生了什么呢？这两个事件真的是前后发生的吗？在画框之外的是什么呢？

与故事片制作相比，纪录片中的声音制作通常有一种明显的倾向。与故事片不同，纪录片对不佳的语言录音别无选择，不能重新录制。但这并不能意味着声带中的某些部分在后期中未被创作或操控，纪录片强调的通常是真实性或真实感。在制作故事片时，为了美学的目的，声音可能被调整或额外的声音被整合进来。例如，不需要的声音可能被删除，如碰话筒的声音。在其他地方，当录制的音质不能与画面相配时，会给人一种不真实的印象。其他声音也可能会被添加到声带中，使它听起来更真实。有时，伴随的声音可能需要重新创作，例如在某个影片段落没有同期录音时；或者可能需要被替换，例如在拍摄时录下了有版权的音乐，而不付过高的版权费的话就不能用 [青木（Aoki）、鲍伊（Boyle）和詹金斯（Jenkins），2006，13-14]。

某些最早期非故事片中声音的使用就涉及为影像添加开始并不存在的声音来呈现一种真实。无疑，有时没有录制同期声，所以声音是后期添加进去的，但并没有破坏要表现的逼真性。其他时候，实际的录音可能有意或无意地形成了一种错误的表达。在这两个极端之间就是纪录片声音实际应用的存在。在具体影片中，声音的真实性和逼真性的程度取决于具体的声音剪辑师和导演。虽然自从新闻片问世以来，观众的视听能力已经发生了变化，但如果认为观众有能力决定声带上的素材的来源和真实性那就错了，特别是与视觉部分相比时 [莫雷（Murray），2010]。

就声音来说，保真度最经常与真实性或精确性的概念相关。对于波德威尔（Bordwell）和汤姆森（Thompson）来说，保真度是"指在多大程度上忠实于我们所感知的声源"（2010，283）。对于其他人来说，保真度暗示某些音质的概念。最终，对保真度或真实性的最佳判断是电影制作人和参与者自己。这导致了在讨论纪录片、特别是纪录片的声音时对真实性的奇怪观念。在这种语境下，真实性就意味着不改变录音吗？它可能意味着删除那些使其听起来不真实的部分吗？或结合不同的元素重新创造一个更能表现事件（声音）的版本吗？

真实的讲述和声音

某些电影的出现，特别是声音的出现，意味着能达到比简单的娱乐更高级的目的。但是，即使在无声故事片的最早期，无论是如《北方的纳努克》（*Nanook of the North*）还是无声的新闻片，一直都有一种"粉饰"真实的诱惑。《文学文摘》

（*The Literacy Digest*）揭示、描述了在前线用来创造第一次世界大战"镜头"的技巧：

一个《大众科学月刊》（*Popular Science Monthly*）和《世界之进展》（*World's Advance*）的投稿人告诉我们，灵巧的机械装置、不受限制的电力、弹性刺刀、炸药包和地下爆炸物被用于制作这些战时画面，它们如此真实，看上去简直就是法国和比利时战壕及波兰战场的标志。我们读到"农民、农场工人的儿子和村里的年轻人，穿着英国和德国军队的制服做军事训练，探索消失的刺刀、伪装的炸弹爆炸、战壕和以假乱真的'毒气'的奥秘。"

（《文学文摘》，1915，1079）

所有电影人或多或少都要依赖隐藏人工痕迹来创造真实的复制品。呈现给观众合理的、看起来与他们的生活经验相对应的同步声表达，这就应该可以被承认为真实的表达。它呈现别无二致的选择，毕竟这是最经济合算的解释。声音也是同样的。在某些方面，伪造声音比画面更有优势，因为它对任何人都是如此，即使专家都难以分辨出实际出现的任何对声音的操控。作为结果，就声音来说这里有一种对非故事电影人有效程度的信任。那么，坚持一定程度上的纪录素材真实性是否是伦理道德的责任呢？

看起来，当电影人们面对纪录片素材时，对其真实程度有一种道德的责任。但是，在这种语境中，各影片的差异之一在于如何定义真实性。布莱恩·温斯顿（Brian Winston）令人信服地指出，纪录片的道德规范应该落在纪录片制作人和参与者之间的关系上，与"一种无形的向观众'真实讲述'的责任"完全不同（温斯顿，2000，5）。虽然，很难不同意温斯顿的主要担忧，但忽视这非故事片应向观众真实讲述的责任则是个错误。在纪录片中采取一种准法律般的无害操控决策，即避免潜在的各种各样的误传，以及对历史的改写。

有时，风格和类型与故事片和非故事片的改编技巧一起呈现出来，创造一种复合风格。在《他们已不再变老》（*They Shall Not Grow Old*）（彼得·杰克逊，2018）中，将从帝国战争博物馆（Imperial War Museum）中恢复的第一次世界大战档案影像与BBC《第一次世界大战》(*The Great War*)系列影片中1964年的采访录音混合在一起来纪念停战100周年。《华沙起义》(*Warsaw Uprising*)[科马萨(Komasa),2014]是一部故事电影,由1944年华沙起义过程中拍摄的6小时无声黑白新闻片剪辑组合而成。电影工作人员花了巨大的精力寻找当时拍电影时衣服使用的染料,以保证影片色彩正确(见图8-9)。唇读员也被请来为新录制的对话创作剧本,对话是由演员来配音的。声效和音乐也添加到原始无声的影片中。电影预告片中的广告语是"87分钟的真实"。《华沙起义》是一部与华沙起义博物馆合作的影片,同时也体现了对起义的铭记,影片的网站上有原始影片中人们的照片,希望它能被人们认出。在各种情况下,主题的严肃性意味着素材本身需要既忠实于参与者,也要忠实于影片所表现的事件,用来强化影像和声音的技巧自身也有可能被认为不够真实可信。

图8-9　电影《华沙起义》镜头之一

真实的声音,在这里可以被定义为"被认为如此的录音",可被认为是真实的非故事片声音的标准,同时要承认真实自身便是个不确定的术语,因为任何特别事件的录音都可能由于不同的拾音点、话筒的布置或声音的环境而产生根本差异。在进行录音、剪辑和混录时的选择在很大程度上决定了声音表现是否真的和观众认为的真实相吻合，即实际上它是否为意欲表现的真实。修饰和操控不可避免地出现。有时声音可能是"真实的"但不是"同时的"。例如，录音可能大约在拍摄时、在拍摄地点完成，但无法同时既拍摄又录音。只有那些实际进行成片创作工作的人知道它是否是真实的表现、它是一种更加容易令人信服的复写，或实际事件的戏剧化演出。

对观众的影响

人们认识到视听素材看似忠实地反映了现实，人们也更加担心对其的滥用。这种表现对观众的潜在影响也逐渐受到关注，无论素材真实与否。在特殊的电影领域，制作规范（Production Code，MPPDA 0001930-1967）试图向以前自由松散的电影业灌输一种道德规范的框架，与其他媒体不同，无意间强调了电影的能力，去呈现一种可信的真实的现实再现作品。规范的第一条总则就是"不得制作会降低观众道德准则的影片。因此，观众的同情心永远不能投向罪犯、错误的行为、罪恶和过失的一边"（MPPDA 1930-1967）。这部分内容的标题为"支撑规范引言的理由"，概括了电影制作人一方的道德责任——"书籍读者对一本书的反应很大程度上取决于读者的敏锐程度，而观众对电影的反应则取决于电影表现的生动程度"（MPPDA 1930-1967，Ⅲ Dc）。

我们在非故事片制作的其他领域，看到对道德规范的引导。许多新闻工作单位已建立实用的道德规范指南。美国杂志编辑协会（American Society of Magazine Editors，ASME）的道德规范概括了读者在获取公正与精准信息方面的权利、信任关系、编辑及市场推广的信息之间的差异以及保护编辑诚实性的基本准则（ASME，2013）。国际和地区新闻记者组织咨询组（The Consultative Group of International and Regional Organizations of Journalists，CGIROJ）指出："伴随着大众媒体和新闻记者肩上日益加重的社会责任，信息与沟通在当今世界中起着重要作用，在国内及国际范围内都是如此"，同时发布了职业道德规范的 10 条准则，前两条是"人民有了解真实信息的权力"和"新闻记者应致力于提供客观真实的内容"（CGIROJ，1983）。认识到客观真实有时是个变化的概念，准则给出了一些语境：

运用新闻记者应有的创造能力，给公众提供足够的素材使精确的信息和世界的图景变得更容易被读者接受，其中事件本身、事件经过、事件状态的起因、性质和本质被尽可能客观地理解。

（CGIROJ，1983）

布莱恩·温斯顿（Brian Winston）描述了新闻记者工作中的一些实际困难：

道德规范总体说来，特别是道德体系，倾向于限制自由表达。他们也倾向于个性化，同时一个自由人面对选择是常态。就像其他工作一样，新闻记者大部分都不是自由的。他们要对他们的雇主负责，同时要对他们的读者、观众、其他参与者、线人[4]或与他们互动的信息贡献者负责；同时，这些责任可能相互冲突。信息拥有者（有时是平台）需要利益；消费者需要信息；参与者（有时是平台）需要隐私。

（温斯顿，2000，118）

在这两个范例中，以"声音从业者"取代"新闻记者"，就反映了那些工作于非故事片声音领域的人的某种情况。在一个首要关注点是"真实"的领域中，存在需要呈现符合雇主期望形式的压力，或以一种更能取悦观众或让观众动心的方式，或者一种将参与者投入一种奇特光芒之中的方式。

对非故事素材的操控，无论是在新闻片中还是在纪录片中，自从声音出现之后就一直是可行的。纪录片和新闻片制作人立即就适应了这种技巧，并开始利用声音可以为影像提供的优势：

不久，有声新闻片的风格和结构开始变化。为了提供段落之间平滑的转换，剪辑师增加了叙事因素和音乐。不是呈现粗糙的"单系统"录音，技师们开始了混录，或把不同的同期声带和其他声带混在一起，调整镜头与镜头之间不统一的信号强度，经平滑的方式混入补充的声音。另外，在原始录音中缺乏自然声时，剪辑师就添加人工制作的或是伪造的声效，从逐渐积累起来的新闻声效库中获取素材为段落添加假的真实声音。

［菲尔丁（Fielding），1972，167］

纪录片之父之一和领先的纪录片传统理论家保罗·罗沙（Paul Rotha），关注的焦点则不同。他因新发现的声音的可能性而感到兴奋，但担心盲目使用同步声会忽视纪录片中对声音创造性的运用：

无论如何应密切关注和剪辑银幕上要呈现的素材，是银幕上不真实的幻觉感把它与观众隔离。但随着声音的添加，无论是否同步，那种"隔膜"就被部分排除了。观众无法把自己与银幕上的情节置之度外。这种声音的特质，可能通常就是危险的来源。一方面，在制作声带的时候可能会粗心大意，可以让你选择这个声音而不是另外一个，并不是因为其特别的意义，而是因为它能产生真实感。

（罗沙，1939，216）

罗沙的观点在很大种度上与阿尔贝托·卡瓦尔康蒂的观点相同，把纪录片中的声音想象为一种真实的创作搭档，而不是声音必须严格与影像的真实性相关联。确实，这种声音与影像之间的结合，如果没有充分考虑彼此，会使人感到沉闷。通过声带中的元素，观众理解文本，这些元素在每个制作阶段都可被操控：无论是在布置话筒进行录音时、还是混录时或预先录音时，或者通过剪辑和混录删除、修饰或替换声音。它具有隐藏其声带的潜质，可以达到无法确定声音是如何录制的、它是否是实际的或真实可信。

声音及道德规范

对于一般观众来说，虽然实际上不同类型的故事片以及它们各自的声带是可以分辨的，但其创作中涉及的技术与技巧，实际上通常是相同的。每种类型都着眼于"给予表现感知的体现，一种比故事片更具想象力的表现，一种比纪录片的想象性更具有历史感的表现"［罗杰斯（Rogers），2015，Ⅹ-Ⅺ］。道德规范指南适合非故事片吗？与视觉素材相比，声音的操控通常极难确定。那么，这些或

159

其他规范如何付诸实际呢？有什么办法可以知道它们是否被遵守？

电视和电影中的画面剪辑，虽然不被观众有意识地注意到，它体现在一个特别的段落开始和结束的地方。就像在摄影中，冻结的瞬间可试图表现更广泛的真实，同时它并不保证忠实地表现整个故事："任何媒体中数小时的原始素材被浓缩为几分钟的媒体，不可避免地需要一些人为操控。这一过程中真正的挑战是要确保处理得符合要求，但又不能欺骗观众"［默瑟（Mercer），2011］。摄影机的选择，声音的选择和剪辑的选择，使真相讲述成为一个主观的概念。素材选择、剪辑进来、剪辑出去，突出和削弱、混合和修饰，都用于非故事片的原始材料。这种操控或操控的潜力表明，这种实践需要从道德规范角度讨论。

与画面剪辑相比，声音剪辑（分层、替换、修饰、添加）通常被设计得听不出来或不被察觉，使得对观众的观察与分析变得很困难。声音是比较不明显专门为观众界定的表达——它并不被银幕限制。因此，界定声音的表现在什么程度上是合适、误导、真实或伪造，有着巨大的困难。多数观众不知道声音操控的技巧。无论因为什么原因，真实的声音被掩饰、覆盖或被替换掉，这种介入的影响都应该被检查，保证结果不会欺骗参与者或观众，或损害素材的准确性、作为档案材料的合法性。

所有录音都在某种程度上被中间介入过，同时这种中间介入无论是有意的设计还是无意的，都意味着从业者身上负有责任，其行为方式应符合道德规范。从创作声带的角度来说，在声音设计从被动操作向主动设计的转变中，我们必须认识到其潜在的误导性。那么在从业者身上是否有一种责任——工作方法要与更高的专业实践道德标准相符？超越仅仅作为简单娱乐，以及只考虑环境背景和精确度，不过度利用自己的优势而使观众难以察觉操控？在非故事片作品中，至少有一种暗示，即呈现的素材是真实的——与影像相配合的声音是他们意欲表现的东西。甚至，在使用真实的声音时，需要关注确保它不会误导或歪曲。

对于某些人来说，如那些从事新闻报刊业的人，道德指南（无论是个人的或是在专业组织框架之中的），对他们所做的工作来说都是重要的。而对于其他人，放任自由就是规范，处理过程与其最终结果相比不重要。但是，道德准则的重点就是工作过程。其选择就是决定什么内容被保留，什么内容不被保留，这种选择是非故事片类型最根本的重要性所在。

总结

当沃尔特·默奇呼吁在故事片制作中，应存在当时在很大程度上被认为缺失的创作型声音设计监督的角色，应该注意的是，这很大程度上是适用于好莱坞模式的电影制作。当故事片领域和非故事片领域还不是界线分明时，电影制作人试验各种技巧和标准。特别是在纪录片中。

著作者和创作性的控制有悠久的传统，延展到整体声带的设计中，其中包括声效和语言被安排的方式，有时要将它们与音乐的形式与作用相结合。

[伯特威斯尔（Birtwistle），2016，387]

自从非故事片制作出现以来，在创造性和权威性之间也一直有一种紧张关系。纪录片制作人通常在艺术与真实之间游走。没有固有的只能讲述绝对真实的需要，同时，在任何情况下这确实是不可能的。但是，仍然有道德规范的尺度控制着人们所做的选择。对于比尔·尼科尔斯（Bill Nichols）来说，这里没有矛盾："如果纪录片不是简单信息性的而是修辞性的呢？如果它们不仅仅是修辞性的，还是富有诗意、故事驱动的呢？[罗杰斯（Rogers），2015，x]。

在非故事片语境中，真实性声音的表现可以被查验，揭示在每个阶段的一些选择——声音是否被录制、修饰或替换。对于电影制作人来说，有用的声音不总是真实的，同时真实的声音也不总是有用的。在工作中，决定声音基本理念的关键因素就是电影制作人的目标，以及他们最终如何看待他们的作品。无论被看作纪录片、历史、民族志、人类学、娱乐或戏剧，整体作品声音设计的选择将始终存在。有些元素被留下，而其他元素为了有利于故事讲述，故意被削弱、修饰、替换或整体删除。

注释

1. 另外值得一提的是声音职员字幕 [威廉·谢泼德（William Shepherd）] 与摄影并列 [马克·弗莱恩德（Mark Friend）]。

2. 卡瓦尔康蒂也是具有影响力的文章《电影中的声音》（*Sound in Films*）（1939）的作者，它重新被收录于《电影声音：理论与实践》之中（威斯和贝尔顿，1985）。本杰明·布里顿（Benjamin Britten）看来也对《夜邮》的声音有所贡献，他描述了他在 GPO 电影部门负责 "写作音乐和监制声音" 时，也负责协调所有电影的声音制作 [米切尔（Mitchell），2000，83-84]。

3. 米切尔（Mitchell）公司也发布了 BNCR 摄影机——BNC 的折射式摄影机——在 BNC 之后。

4. 线人：也叫间谍，泛指提供信息来获取利益的人。

第 9 章

视频游戏中的声音

导言

很长时间以来，有一种常见的看法，就是只有未成年人对视频游戏感兴趣，无论在游戏厅还是个人设备上，游戏没有被看作一种行业或媒介而被认真地研究，与电影或电视不同。因为各种成功和有影响力的游戏以及游戏硬件的普及，无论是在 PC、手持设备或是家庭娱乐系统中，如 Xbox 和 PlayStation，游戏在文化的视野中已经不断被注意。[1]数字视频游戏已经从游戏厅里"卑微"的街机游戏鼻祖加速发展到实际上令人完全认不得的地步。在对声音的使用上，其复杂度和创造性一度只有在电影中可以实现，现在在高级制作的流媒体电影频道和 3A 级游戏中都可实现。对于声音从业者来说，视频游戏逐渐变得重要了，最初在电影、电视行业工作的录音师、剪辑师和声音技师逐渐将他们的技巧应用于跨媒体之中。当游戏工业的发展开始超过电视时，交互式音频就变成声音设计领域中极其重要的部分了。

在本章中，我们将考察几款出色的游戏来探索它们声音设计的作用与目的，以及探究用于游戏和制作声音分析的理论模型和框架。本书的目的之一，就是要概括一种足够广泛，足够实用，可用于任何类型的声音理论。就如同对电影声音理论的几种不同理论方法的分析一样，我们可以将游戏和游戏音频模型与符号学符模型作比较，看看是否可以提供检视视频游戏有用的方式，以及它应用于交互声音设计实践时的效果如何。

交互式媒体与线性媒体之间的相似性

首先，值得一提的是游戏音频与线性媒体之间的某些共同点。二者都有意识地或富有含义地使用声音，以可信或真实的方式使用声音创作故事，即使实际的环境背景是幻想的，就像在科幻类型的电影或电视中一样。两者都通过在声音设计的创作中运用创造性的或艺术性的技巧在观众中寻求一种情绪或智力的投入。

游戏中的声音设计与其他声音相关行业从业者的工作内容也同样包括对话、音乐和音响效果。线性媒体和交互式媒体都要录制声音，然后更好地进行剪辑或"设计"以适应其目标。在不同媒体中，某些声音被使用时的目的就是要明确地让观众注意或听到。而其他时候，使用的声音被设计为不引起观众注意，但仍然试图对听众产生某种影响的形式。

两种媒介都将声音用于广泛而不同的目的，同时利用声音的各种功能。使用画内或画外的具体声音，声音可以具有信息传递的功能，为观众或玩家提供有用的信息。两者也都可以使用声音的情绪功能，例如通过音乐来伴奏一场战斗或突出一个特别激动人心或令人心酸的时刻。每个项目中都会有需要克服的创作和技术上的挑战。游戏的案头期、制作期和后期阶段与线性制作的关注焦点稍有差别，但在很大程度上在制作中都涉及从前期工作中的写作、计划和艺术概念阶段，经过内容创作本身，如环境建构、人物角色和制作对象的建构，再经过测试和精细调整直至完成最终作品。

视频游戏中的声音有什么不同吗？

虽然它与线性媒体声音设计之间有相似之处，但交互式媒体的声音制作与线性媒体的声音制作实际上存在着重要的差异：

• 混录——现代游戏通常是在每次玩游戏时，实时"混录"的。因此，在玩家听到它时，每次的结果都可能是不同的。作为声音设计师的关注点就是创作一组声音，这些声音将根据不同场景的一系列规则进行交互。

• 共享声源——线性媒体音频内容有并立且专门的存储和传输的渠道，而游戏经常会有某种限制，取决于它们共享的游戏引擎、AI 要素、物理等资源的可用性。这些资源可能是 RAM 的数量、硬盘流的带宽或可分配给音频使用的CPU 周期。其结果意味着实现声音需要考虑声音的层次结构，为了释放系统资源，不重要的元素可能被放弃。

听声音的方式也存在差异：

• 易变性——对于任何游戏声音设计师来说，他们作品被玩家消费的方式都是不可预知的。在游戏开发过程中，将来游戏在进行中事件被展开的顺序是未知的。

• 时长——游戏玩家玩游戏的时间由自己掌握。对于玩家进行游戏的时间没有限定。即使游戏有一个确定的时间长度，玩家也可以反复不停地玩。

在为游戏创作声音元素时，声音设计师可能不仅需要考虑每个声音，而且要考虑它如何播放、如何与其他声音互动，以及它如何受到游戏环境中的其他元素的影响或与之互动。例如，游戏的物理环境可能改变声音被听到的方式。语音可能被自然地听到，或通过对讲机被听到。要估计声音存在的每种可能的地点或环境是不现实的，也是不可能的。因此与录音阶段相对的，在将每种声音重新录制混合的阶段的关注点，就落在了游戏进行中被应用于给定环境的逻辑规则上。

早期游戏声音设计——创作富有含义的声音

老虎机和弹球机是视频游戏的鼻祖，这些游戏中伴随着的机械或电动机器声音通常像电话中的铃声一样，因为它们产生了大量"钱币的声音"。不同的铃声会给所有人提示，在可听范围内有个投币机在运行，或给游戏厅的老板提示，一台机器在运行 [柯林斯（Collins），2016]。伴随着现代视频游戏的出现，这些机器的声音被用于给玩家提供一些反馈，如指示游戏到了一个特殊的得分点，或提示有其他的奖励。添加这种声音的好处，就是它可以清楚地被附近潜在的玩家听到，可以通过这种声音来吸引新的玩家。

《太空大战》（Spacewar, 1961）一般被认为是第一个广泛传播的视频游戏，游戏最初试图添加声音，但当时内存很有限，因而放弃了声音。[2] 后来一个叫《计算机空间》（Computer Space, 1971）的游戏使用了标准通用电器——便携式电视，就明确使用了声音，在用户手册中列出的说明是"哔哔声、导弹的声音、火箭的发射及爆炸声" [布什内尔（Bushnell），1972, 1]。第一款记录在案的成功商业视频游戏是《乒乓》（Pong, 1972）（见图 9-1），最初是由雅达利公司（Atari）为游戏厅开发的，但后来移植到了其他硬件上，如家用市场的贝纳通（Binatone）系统上。《乒乓》的声音设计相对简单，但却富有含义，合成的音调与"球"击到每个玩家的球拍、边墙上、每个得分点相同步。[3] 通过与情节的同步，声音很快被认知并具有含义。《小行星》(*Asteroids*, 1979)(见图 9-2)使用了比较多的声音,共有 10 种,每个声音都不超过 1 秒钟。包括火的声音;小、中、大的爆炸声;小型和大型飞碟;生命奖励;还有两个不同音符交替的音乐采样。二维固定手枪游戏《太空侵略者》(*Space Invaders*, 1978)(见图 9-3),用了 4 种不同的声效,枪声、玩家游戏角色"死"、入侵者"死"和 UFO,这些声音是连续的循环,而其他声效都是"一声枪响",第 5 种声音是一段音乐伴奏,这是个四音符的递减循环。

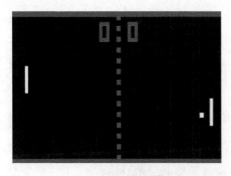

图 9-1　《乒乓》

图 9-2　《小行星》

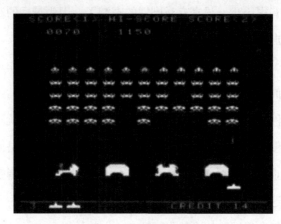

图 9-3　《太空侵略者》

当早期游戏使用简单合成的来自采样返还的声音时,预示着其使用真实录音的潜力。当我们来到现代游戏时代,即面对发行于支持几个 G 的存储平台上的游戏时,着眼点就从声音的数量转到了声音的复杂性上了。例如,在《黑色洛城》(*LA Noire*, 2011)中,有 100 多条环境声轨,它们由从 90 秒到 2 分钟的循环圈

构成 [泰勒（Theiler），2013]。最近，更有效而灵活地创建环境声的方法就是使用更小组成部分的声音，然后被用来"生成"始终变化的声景，被放置于音量和空间都在变化的环境中。[4]

到微型计算机的能力足够运行《太空侵略者》时，其创作者西角友宏（Tomohiro Nishikado）设计了一块专门的电路板来处理图形，单声道的声音则基于新开发的得州仪器公司（Texas Instruments）推出的 SN76477 声音芯片。硬件的局限性一直影响着游戏的结构。

最初，我想同时移动 55 个入侵者，但硬件只允许我以 1/60 秒的速度来移动一个入侵者。结果，在入侵者数量减少时速度就加快。最终，这实际上给游戏增添了刺激性。

（西角友宏，2004，43）

当游戏运行的速度增加时，音乐的节奏也会加快，到最后一关时，只有一个快速移动的外星入侵者存在，因此它是最难被击垮的。相对而言，《小行星》在结束之前就已经有很困难、很富有戏剧性的高潮了，因为最后的小行星并不比最初的小行星难于击毁。

在《小行星》和《太空侵略者》中，声音的安排可以被看作象征性声音符号使用的范例，它们都是富有含义的。简单地利用声音之间特性的差异，声音本身与引起声音的事件之间存在着联系，相对简单的声音就可以给玩家提供有价值的反馈。在《太空侵略者》的案例中，硬件选择的一个副产品就是游戏的速度以及随着每个关卡的难度增加而增加的声音和音乐。随着外星入侵者数量的减少，音乐的速度加快。这种游戏状态和伴奏之间的简单关系，使其成为了运用"伴奏互动来给玩家提供复杂反馈"技术的先行者。

视频游戏的理论模型

游戏的声音设计师，与其他行业内的工作者一样，与同事们的合作涉及游戏制作的其他方面。和其他视听媒体中对声音的分析一样，一个重要的关注点就是广泛讨论游戏的语言，特别是游戏声音。有一些不可避免的技术术语，从业者必须学习，以便在团队工作环境中可以交流技术细节。在游戏中，可能要讨论如资源数量、内存预算和带宽等话题。虽然并不是考虑实际的制作或个人观看、聆听或最终游戏的体验，但最终对这些会有影响。

　　有几种游戏结构的理论模型，如规则、故事和游戏空间，以及对不同游戏整体和十几种游戏类型的分类的描述。将声音的分类、类型和功能与声音分开而不谈及声音在游戏背景中的应用是很困难的。克里斯·克劳福德（Chris Crawford）的著作《计算机游戏设计艺术》（*The Art of Computer Game Design*，1984）在这方面很有影响力，尽管存在硬件的局限以及不同游戏类型的差异，但它开拓了一条道路，告诉我们游戏会成为什么样子。另一本更现代、有着广泛影响力的书，希尔（Shell）的《游戏设计艺术》（*The Art of Game Design*，2008）也着眼于游戏设计过程的最终目标，那就是创造一种体验。它包括了数目众多的游戏镜头，通过它们来分析游戏，并区分出 4 个主要的建构模块：技术、机制、故事、美学，它们形成了游戏的四元组 [希尔（Schell），2008，44-45]。游戏设计的每个方面，包括声音设计，都使用一系列镜头来检视：需求、要解决的问题或间接控制，为设计师创造许多富有成果的起始点。

　　一种逐渐变得很有影响力的描述游戏的框架就是机制学 - 动力学 - 美学（Mechanics-Dynamics-Aesthetics，MDA），它源自一个年度游戏开发者大会上的研讨会。它的目标是"在游戏设计、开发、游戏评论及技术化的游戏研究之间架起一座桥梁"[汉尼克（Hunicke），勒布朗克（Leblanc）和祖贝克（Zubek），2004]。在这个模型中，就像设计的需求会对所需的代码产生影响一样，编码决策、算法、工具和语汇将展现它们自身对游戏体验的影响。例如《太空侵略者》的技术局限和实现对游戏体验有着深远的影响，就如同设计需求决定视觉风格、游戏中的武器和声音的选择。

　　MDA 模型将游戏用户视角的模型组件与设计对应的组件进行比对："从设计师的视角来看，机械学引起动力学体系的行为，然后产生特殊的美学体验。从玩家的视角来看，美学建立基调，它出自可观察到的动力学，最终为可操作的机械学"［汉尼克，勒布朗克和祖贝克，2004，2］。总之，规则恒等于机械学，系统恒等于动力学，趣味恒等于美学：

> 机械学在数据表达和算法层面描述了特别的游戏组件。动力学描述了在玩家向游戏输入时械机学表现出的行为，以及在游戏结束时与玩家互动的结果。美学描述了在玩家与游戏系统互动时，唤起的它所希望的情绪反应。

> （汉尼克，勒布朗克和祖贝克，2004，2）

MDA 模型也将美学组件分割为不同的元素，如挑战（要克服的障碍），伙伴关系（作为社会群体框架的游戏），探索（作为未知领域的游戏），叙事（作为剧情的游戏）等（汉尼克，勒布朗克和祖贝克，2004，2）。[5] 其影响可以归结于将其应用于不同游戏以及游戏方方面面可能产生的洞悉，揭示游戏的方方面面，且我们可以检视支持所希望的玩家体验的动力学和机械学设计的含义。

按照游戏规范或机械学可能的解释，"不明推论"或假设的符号学概念在学习和游戏操作中是最重要的。当玩家遇到一个新游戏时，无论在游戏厅还是使用 PlayStation，需要从简单的操作开始学习。对玩家的反馈，既来自控制器自身，也来自游戏中对事件的反应，决定着玩家是否继续玩游戏。为了推进整体游戏的进行，需要一个既不会太容易也不是太难的可进行反馈的最佳时机，来建立游戏所需的概念框架。

我们也可以从美学的角度来考虑实现声音的方式，从符号学角度来研究向游戏玩家传达了什么内容。例如，在挑战一个重要元素以及特别的一关需要完成时，声音的使用应该提供负面和正面的反馈，声音的反馈意图让玩家感觉到什么。一句对玩家戏弄的话，如在《打鸭子》（*Duck Hunt*）里以狗叫模仿的笑声，被游戏声音设计师史考特·马丁（Scott Martin）描述为："使用模块合成器，这几乎就有了笑的特征……当这类游戏逗你时，就很有趣——'你只能做成这样了吗？'"［格什温（Gershin）等，2017］。这里，声音对玩家的影响就很重要。从符号学的角度来看，"最终结果"或解释项，就是通过逗趣或善意的"嘲笑"来吸引玩家克服游戏的困难。这里使用了最适合这种设计目的的声音。

游戏声音模型

　　除了整体游戏的模型，也有一些特别关注游戏声音的模型。对于空间环境或游戏玩家所处的环境来说，游戏声音与线性媒体声音稍微有些不同。在电影中，叙事时空中的声音——故事世界中人物可以听到的声音，以及非叙事时空中的声音——只有观众可以听到的声音，如旁白或配乐，都有着相对明确的界线。[6] 在视频游戏中，有一个游戏环境的叙事时空，但也是个别的玩家可以听到的分割的空间，其他玩家或人物则可能听不到。这分割开了独特的游戏空间，就是克里斯汀·佐格森（Kristine Jørgensen）描述的"游戏的参与特性让玩家处于一个双重地位，他们处于游戏世界之外，但具有进入它的能力"［佐格森（Jørgensen），2011，79］。

　　叙事时空／非叙事时空模型，最简单也是使用最广泛的电影声音模型之一，也在游戏声音中使用。游戏如同电影一样，有故事世界或空间，它延展到可见的屏幕画框之外或处于游戏世界本身之外。叙事时空／非叙事时空的分法，被证明在电影理论教学中很有用（尽管没有广泛被从业者接受），它在描述游戏的声音世界时却存在很多问题（佐格森，2011）。[7]

　　例如，我们如何看待直接向玩家或玩家代表的这个人物角色所说的人物间的对话或旁白？[8] 同样，我们如何定义在多玩家游戏中玩家之间的对话？如果玩家都处于一个房间内（物理形式上），与通过游戏耳机联络有什么区别吗？在游戏中，玩家占据一个空间，它横跨游戏世界和真实世界。我们可以使用"游戏空间"（Game Space）这个术语来表述这种属于游戏操作概念空间部分的声音。菜单元素，或玩家之间的口头交流应该是游戏空间的一部分，但不是游戏世界（Game World），就像纸牌或大富翁游戏玩家的交流可能直接与游戏相关，应为游戏空间的一部分。

　　同样，使用直接的对话 / 音乐 / 声效分类，会潜在地削弱声音运用的功能。例如，语言的声音可能是交谈，它们的作用只提供背景气氛声，或它可能首先是信息性或指示性的（如任务领队对任务的简介）。它也可能首先是表现性的，其语言的内容对于情绪的传达来说是第二位的，或它也可能起到作为声源定位的辅助作用，这时它给出如敌人方向 / 距离的实际信息。语言也可能只是简单地叙事。

　　汤姆林森·霍曼的电影声音功能方面的模型，也适用于游戏声音。在霍曼的模型中，声音具有 3 个方面的功能：直接叙事、潜意识叙事或语法功能（霍曼，2010，XI - XII）。在电影中，语法功能可能通过剪辑点之前和之后保持声音的连续一致，隐藏在画面剪辑背后。因为游戏中的影像没有与电影画面剪辑的直接对应物，语法规则稍有差异。不必通过检视个别的声音来定位它们的作用，我们可以关注声音的功能是如何对整体体验做贡献的。在电影和电视中，观众注意力被画外吸引的情况相对不常见，因为叙事是在银幕上展开的，任何对故事情节的关注的打破都有潜在的危险。[9] 而在游戏中，玩家通常处于一个三维世界中，同时具有改变自己视角和视野的能力。在视频游戏中发出声音的虚拟物体已经与在三维空间中定位的可见的物体绑定，同时那些相同的坐标可以被声音引擎用来映射声源。这里声音的直达信息紧密地与游戏的机制相关联，同时其首要功能可能就是给玩家一个信号来变换他们的视野（他们的视觉显示）以适应当前画外的内容。在电影中，这种直接信息的定位应该为声像的决策，而在视频游戏中，这是一种半自动化的处理，需要与游戏互动。

　　佐格森（Jørgensen）强调，游戏中许多界面方面的声音元素以及他们连续的定位，取决于他们的功能，其中隐喻性界面的声音如音乐是一个极端，而另一极端就是图标界面的声音，即叙事时空的或与动作或事件相同步的硬声音效果（佐格森，2011，91-92）。许多游戏的其他模型，使用叙事时空 / 非叙事时空作为起始点，结合更多的功能视点。例如，亚历山大·加洛韦（Alexander Galloway）使用一个二维模型，其中声音依据它们在游戏世界中的两个轴向：操作者 / 机器以及叙事时空 / 非叙事时空的来源来描述（加洛韦，2006，17）。

其他模型，如韦斯特伯格（Westerberg）和舒诺·弗格（Schoenau-Fog）的模型，依据它们的功能，将简单叙事时空／非叙事时空的模型扩展为如下不同的声音类型。

叙事时空的声音——声音以及其所指的对象，都存在于游戏的世界之中，例如玩家开枪时的枪响。

掩蔽的声音——属于游戏世界中的声音，但其包含非叙事时空的信息，如当玩家步入怪物的攻击范围时，作为警告的怪物的吼叫声。

象征的声音——不属于游戏世界中的声音，是由游戏的机械学引起的，例如在伏击出现之前对玩家警告的音乐。

非叙事时空的声音——声音不属于游戏世界，也不指代游戏世界中的任何东西。例如鼠标在菜单中游走时的声音。

（韦斯特伯格和舒诺·弗格，2015，47-48）

在这个游戏声音模型中，声音的特征也可以为预示或响应（从游戏的视角，而不是玩家的视角），如给玩家提供信息的预示的声音，响应的声音为对玩家的动作作出的响应（韦斯特伯格和舒诺·弗格，2015，49）。

界面－声效－环境－影响（Interface-Effcet-Zone-Affect, IEZA）框架，也一直对游戏中声音运用的描述有所影响，使用叙事时空／非叙事时空作为垂直轴，设置／动作作为水平轴，产生 4 个象限来区分对声音的运用 [惠贝茨（Huiberts）2010；范托尔（van Tol）和惠贝茨（Huiberts），2008]。**声效**被认为由声源发出，它存在于游戏世界之中，而**环境**声音（Zone Sound）虽然也来自游戏世界，但它是环境气氛的声音而不是由物体或声源发出的。**界面**的声音源自游戏世界之外，但经常通过象征的声音传递抽象的信息，如健康情况和分数。最后，**影响**的声音组不与特别的行为相关，而是"传达一种游戏非叙事环境一方的设置，用来添加或扩大社会、文化及情绪的参照"（惠贝茨，2010，29）。IEZA 模型已经与来自电影声音的其他模型 [威廉松（Wilhelmsson）和沃伦（Wallén），2011] 以及谢尔（Schell）的元素四元组（Elemental Tetrad）相结合 [拉夫（Ralph）和摩努

（Monu），2015]。

游戏声音和符号学

跨艺术学科的合作者常见的抱怨就是缺乏一种可共享的语言。对于道格·彻驰（Doug Church）来说，"设计发展的主要障碍就是缺乏共同的设计语汇"[彻驰（Church），1999]。本书中描述的符号学模型可被认为是一个结构性的框架，可以将其他模型整合进来。如果我们比较游戏声音的各种模型，则可以看到它们如何被整合到声音符号学的模型之中。

从定义上看，游戏设计是有关设计的过程，关注点在解决问题。各种游戏的模型和游戏声音突显了设计过程的不同方面或游戏操作自身。不论它在元素四元组中着眼于体验、故事、机械和技术的不同方面，或是 IEZA 模型沿着双轴的声效／情感和叙事时空／非叙事时空声音的不同类别，总有检视玩家理解或学习游戏途径的空间。符号学就是潜在的富有成效的检视意图结果的方式，或每个元素的结果以及其后检视其结果是否实现的方式。对于声音设计师来说，它也提供了展示使用声音为设计问题提供解决方案的特别有优势的方法。

在游戏《星空飞箭》（Galaxian，1979）中——《太空侵略者》的变种——当它们周期性地俯冲时，射中敌方异形会奖励红利点数，这是通过一个主题声音来提示的，当异形被打中时，可见的数字指示出玩家赢得的点数。在很多射击动作和异形的俯冲之中，开始玩家可能难以分辨每种声音分别指示什么，但最终就会显现出含义来了，产生数字的显示会有点多余，因为在各处都需要视觉注意力。在《炸弹杰克》（Bomb Jack）（1984）中，不同的标志性声音伴着不同的游戏事件——新敌人的产生以及他们落到地面上使他们能够跑动、玩家的跳跃、玩家被击中等。当玩家有可使用的强力弹丸时，该事件伴随着一个声音，当强力弹丸被使用时，它由这过程中的主题音乐指示并计时。这可以产生明确的强力弹丸的效果持续时长反馈，不需要任何倒计时器或视觉的指示来表明强力弹丸会突然失效。

有些情况下需要很少的指示或规则（或不需要指示或规则）来介绍这些概念，因为它们会在玩家操作过程中不言自明。声音设计师考虑的是那些声音如何被玩家解释，它可对玩家造成什么改变或产生什么样的响应，或如何通过响应来改变玩家的游戏动力，它也会给玩家暗示。例如，如果玩家操作角色拾起某个物体时音乐响起，这是某种认可或是奖励吗？其他时间向玩家的反馈可能更微妙。如果气氛或音乐在敌方的 BOSS 出现之前立即以某种方式改变了，这种联系可能开始时玩家没太注意，但最终当玩家习惯了游戏之后，会认识到这很有意义。

为了玩游戏，一个玩家会找来一系列已有的范例——其他熟悉的游戏或游戏类型，其功能大致相似：滚动边条、平台游戏、第一人称射击等。每个玩家都须建立一个概念地图，帮助他们理解游戏的语法以及为了在游戏中晋级而需要做的事。与动作相伴的声音部分是美学的选择。与游戏中的声音实际上相伴的动作或事件是游戏机械学自身的组成部分。对于声音设计师来说，声音本身以及声音互动或改变的方式是玩家动作以及游戏环境的结果，都与声音设计过程或其组成部分相关。

"不明推论"这一符号学概念，作为逻辑推理的最初阶段，在游戏操作中非常有用。我们实际上得学习如何玩游戏，同时也要明白在游戏呈现给我们的世界中，在互动过程中，学习什么事情是有意义的。声音变得与事物、动作和事件相关联。对于同步的事件声音或非同步的事件声音的选择可能是全新的，或可能为其带来先前在自然界、其他游戏或其他媒体中听到过的相似声音的映射。因为每个声音的使用变得更加熟悉其象征的对象，便可以被认知和解释。

伴随着事件或动作的声音，具有一种内在的与事件/动作的索引关系。一旦一个动作通过重复、熟悉的声音被感知，就意味着在对象（动作或事件）和能指（声音）之间产生了非常强大的关联。出于同样的原因，可能会有故意不明确的声音与动作相伴，或任意一个对象都由一个特别的声音来表示。一些经典的游戏厅游戏利用这种声音与游戏动作之间的关联，起到将视觉注意力保持在某个位置的作用。玩家学习如何玩游戏的过程是很自然的，它可以避免分析，但其仍然是个过程。在游戏开始时，我们可能被给予很少的信息，同时我们努力去发现最合理的解释。我们继续这种假设，直到更好的结果出现，或是被迫接受其他解释。每个新信息都被吸收到我们的理解中或可能修正我们的理解。

现代游戏

《设计声音》（*Designing Sound*）（2010）的作者安迪·法内尔（Andy Farnell），从3个不同的角度看声音，形成了声音设计的3个基础支柱：物理、数学和心理学。"物理"支柱涉及理解真实生活中声音的传送与传播，而"数学"关注的是计算机如何再现真实世界。最后"心理学"有关感知与"我们如何从中提取特征和含义，以及我们如何分类和记忆它们"［法内尔（Farnel），2010，7-8］。

这3个支柱的理论与声音研究的发展部分一致，它开始于古希腊时期一种统一的研究，大约在艾萨克·牛顿（Isaac Newton）和约翰·洛克（John Locke）时期，开始沿着声学、哲学和心理学的道路分道扬镳。"数学"支柱基本上关注声音设计具体的工具，以及交互式声音软件和中间件如何让对声音的操控可以被交互地进行。

FIFA

类型游戏具有可以缩短新游戏学习的过程的优势，自从游戏被分类为"竞赛、格斗或射击"类型后，就越来越是这样了［在柯林（Collin）的书中马丁·坎贝尔-凯利（Martin Campbell-Kelly），2008，123］。超类型如战斗、策略、冒险、角色扮演、竞赛以及运动游戏等都具有连续一致的特征，分类几乎是必然的。在电子声源将自己置于早期太空主题游戏，涉及外星人、火箭等主题时，现代游戏则涉及更广泛的主题，每种主题都有自己的审美特点和声音需求。以运动为主的游戏如FIFA系列（1993）和其主要的竞争对手《实况足球》（*Pro Evolution Socce*）（1995）每年都在更新，与足球赛季相对应。两种游戏都尝试和真实生活中的形式一致，从物理环境到足球运动员自身，创造尽可能真实可信的足球运动员形象。每个游戏都注重图像表现的细节，模仿真实足球队、球童、运动场和球员等，同时还提供球员的统计数据，它可以作为玩家团队进行选择、组队和球员交易的基础。FIFA18 是 2017 年在英国销量最大的盒装游戏，也是在美国销售前二十的最佳视频游戏（尽管美国人对足球不是那么感兴趣）。

两个游戏的声音设计都着眼于真实生活和对足球的媒介呈现。对于 FIFA 来说，比赛的解说评论录音由熟悉的电视播音员提供，希望保证游戏的真实性。对于英语版游戏来说，马田·泰莱（Martin Tyler）和阿兰·史密斯（Alan Smith）是人们熟悉的声音，他们为特别的比赛或一般评论录制几个小时的评论解说，使用的话筒与实际广播评论时使用的话筒一样。有趣的是，在录制 FIFA16 的评论解说时，并没有视频图像作为参考，也没有事先准备好的稿子，正如马田·泰莱的解释：

我们录制时没有稿子，这可能就是它为什么会让人感觉很自然的原因，因为它就是自然的。但他们会给我们一些场景提示。他们说："一支球队 3：0 领先，比赛还有 10 分钟，然后他们丢了一个球球。给我们 3 个版本的评论"。

[科帕（Copa）90，2015]

比赛评论员不是演员，因此他们读起对话来并不像人们想象中的评论员那样。相反，他们只能像电视播音员那样在正常的角色之中。就像他们日常工作那样，使用自然的评论声音配合游戏的场景，得到的结果才是极其真实的评论的声音。评论的目的或功能就是让玩家感觉真实，才能与游戏之外的玩家体验相匹配。这种在特殊环境中的感觉是否可以被创造出来，取决于对评论员声音的认识——他们声音的自然度以及与游戏场景的适配度。FIFA 和其他以运动为主的游戏也依赖一些关键方面的声音设计对大众来说的熟悉度和真实度。任何游戏声音的典型性就是游戏机制的组成部分，这可以被习得并被掌握，通常尽可能与真实的情况相近。在 FIFA 系列游戏中，有评论员的存在，使得玩家感觉它与真实的场景尽可能接近了。这里声音设计表现的"真实场景"有两个不同的含义和需求：对于评论来说，它与专业比赛的电视制作相关；对于玩家游戏来说，声音与足球比赛的实际体验更贴近。FIFA18 游戏界面见图 9-4。

图 9-4　FIFA18

《最后生还者》（*The Last of Us*）

设定处于大灾难之后的美国，是游戏《最后生还者》（*The Last of Us*，2013）（见图 9-5）声音设计的焦点，是创作复杂和自然的声音环境，有些环境也支持特别的感觉或情境。《最后生还者》中的许多声音设计元素提出了一种直接的挑战，因为游戏中的环境是非工业化的。资深游戏声音设计师德里克·埃斯皮诺（Derrick Espino）解释道：

图 9-5　《最后生还者》

我们知道对于一个没有科技、没有电的世界来说，这将是一个挑战。我们也想创作自然，但可以支持游戏情境的环境。

重申一下，这里明确了对背景环境气氛的双重需求，对可信性的需求与次要或下意识支持故事推进的气氛感觉相结合。这种多目的的追求就是将声音设计从气氛延伸至整个声轨。这种对声音设计美学的追求被游戏导演布鲁斯·斯坦利（Bruce Stanley）总结为一个问题："你需要实现你努力达到的目标的最小需求是什么？"[科尔曼（Coleman），2013]。

游戏也使我们将敌方人物喻为"咔哒声"（clikers），用咔哒声、尖叫声和哼声的组合，来创造一种吓人的效果，但其源头完全是人声演绎的。以前基于早期概念化的艺术作品对生物的看法是，它们是盲目的，但具有回声定位的能力。主要人物的表演者使用的是动作捕捉和音频录音。在一次为声音演员录音的过程中，演员制造了一种特别的声音，即以喉咙后部分发声，再结合尖叫的声音，听起来创造出了想要的结果，正如创意导演尼尔·杜克曼（Neil Druckman）解释的那样：

这是无恶意的咔哒声，其自身并不吓人，但把这声音和其他音质的声音放在一起，突然你就听到了那种声音，在游戏中有不同的象征性，就形成了这种吓人的因素。再次使用这种声音的时候，你不知道它来自哪里，但听到它在走廊里回荡时人们就感到很害怕。

[在科尔曼（Coleman）的书中，杜克曼（Druckman），2013]

一旦这种声音被玩家认知或习得，它就成为了游戏的功能部分，给予玩家有用的信息——在看到人物之前听到一种咔哒声，将向玩家提供可定位敌人的信息。最基本的极简主义的方式就是音频领队菲利普·科瓦茨（Phillip Kovats）所谓的以"希区柯克的方式"运用声音，即"更关注声音景观中发生的事的心理学"（科尔曼，2013）。对于《最后生还者》来说，有一种有意的选择来创造一系列声音来支持每一类相同的目标，但它经常具有多重作用。气氛声需要借助没有科技的自然环境形象，同时还要营造一种与世隔绝的感受。"咔哒声"是独特的、非人类的，同时最初又是由人演绎的，可以由演员或声音团队表演，可以进行各种操控，一旦被玩家认识之后，可以被当作游戏中敌人就在附近但处于视野之外的警告的声音。

《使命召唤：第二次世界大战》（*Call of Duty WWII*）

《使命召唤：第二次世界大战》（2017，见图9-6）是2017年销售成绩较好的游戏。它是"第一人称"射击游戏，声音设计采取了合成的方法，这是很多使用历史场景游戏的典型做法。音频指导戴维·斯文森（Dave Swenson）说："要使玩家感觉沉浸于真实的战争中。每种声音都是为游戏定制录制的……我们想要'战场'听起来激烈且真实"[沃尔登（Walden）和安德森（Andersen），2018]。

图9-6 《使命召唤：第二次世界大战》（*Call of Duty WWII*）

对于玩家来说，这种对精确声音呈现的追求，可以支持可信度并提升戏剧性。在《使命召唤：第二次世界大战》中，声音设计的恰当和精准也经过了当年参加过第二次世界大战的老兵作为项目顾问的测试——在那样的环境下士兵会听到什么声音？

在他们登陆诺曼底时发生了什么？士兵会听到什么？他们自己开枪多吗？是不是他们做的更多的是找到掩体，来躲避德国人在悬崖上的射击？他会告诉我他们的故事，同时告诉我们士兵们的真实经历，这会帮助我的团队理解战场的声音听起来应该是怎样的。

（在沃尔登和安德森的书中，斯文森，2018）

付诸更多的努力和追求就是创造一个更真实的声音设计，而不只是单纯将重心放在带入感和激动人心上，超越了传统的第一人称游戏所期待的声音效果。

我不想让一个参加过第二次世界大战的老兵坐下来体验游戏后说："不是那样的"。那对我来说是真正的失败。我希望的是参加过第二次世界大战的老兵说："对，就是这样的。"那是我们的目标，这就是为什么我们付诸了这么多努力。

（在沃尔登和安德森的书中，斯文森，2018）

这种对战争真实性和精准描绘的注意力，利用了声音设计师的直觉和技巧，以及目睹战争的人的经验。在声音设计的其他方面，如虚构的人物，则没有相对可考证的历史来源。对于游戏中的僵尸，声音设计的设定是它们是最近才被消灭的德国士兵。对于这些人物，一种特殊的僵尸语言由唐·维卡（Don Veca）创造出来，他把它叫作"僵尸德语"[沃尔登（Walden）和安德森（Andersen），2018]。德语对话的录音被分为音节成分，然后再混合起来。虚构出来的语言的最终结果保留了德语的声音成分，而消除了其语义的内涵。这种僵尸的对话与德语足够相似，但却没有可识别的德语的语义。就像墨雷·斯皮瓦克（Murray Spivack）最初用了老虎的吼叫声来使其声音与其声源、可识别的语言脱离一样，从这里作为操作的起点，将可识别的特征消除，同时将其与新对象和不同的声音结合到一起。

《地狱边境》（*Limbo*）

在最近的游戏中，在声音设计界最有影响力的莫过于《地狱边境》（Limbo，2010）（见图 9-7）了。实际上，它是二维平台上的解谜类游戏，其游戏风格有时被称为"死亡学习"。《地狱边境》是一款非同寻常、具有影响力的游戏，尽管操作较简单，但它可以吸引玩家，使其投入情感。游戏本身和其声音设计获得了很多奖项，但这却是声音设计师马丁·斯蒂格·安德森（Martin Stig

Andersen）制作的第一款游戏。[10]《地狱边境》结合了一些有趣的声音创意，总体来说安德森使用了声音与音乐的结合。

图 9-7 《地狱边境》

我记得我小时候弹钢琴时，我脑子里就想象着把琴键拆开，"钻"到钢琴的声音里，就像我已经在声音里面一样。今天，我已经有 10 年没有动钢琴键盘了，我学会了把声音组合起来，就好像它是胶泥一样。

［安德森（Andersen）和卡斯特鲍尔（Kastbauer），2011］

与项目导演合作时，导演在聘请安德森之前就对声音设计有些想法，他给出了反直觉的指示：声音和音乐应该"避免音乐控制玩家的情绪"（安德森和卡斯特鲍尔，2011）。但这正是一般视听作品中音乐所需要的功能，这里可能需要解释一下他的意思，他的意思是不要由音乐"控制"或引导玩家沉浸入一种情绪之中，反之可以被认为是让玩家对其自身的环境产生的一种响应。

它让我想起光和声的美学；你得有些可认知和真实的东西，但同时它又是抽象的，这正像我喜欢的使用声音的方式。我们拥有所有这些稍有不同的参照，它着眼于可能产生歧义的内容，因此它更多的是伴着听者的想象，而不是我要告诉他们什么。

［布瑞吉（Bridge），2012］

　　当安德森谈及声音设计的意图时指出，声音设计顾及的是它创造的或提供给玩家的感觉：预感和一种与世隔绝感（布瑞吉，2012）。虽然这种有意的操控经常与负面相关，但是在安德森的看法中，这也是声音的作用，他认为："声音设计师努力去利用他们的技巧，以新的、不同的方式增强玩家体验"（布瑞吉，2012）。

　　安德森运用声音的方式为"好像它是胶泥"，它意指一种处理，其中原始的声源实际上并不重要，从某种程度上说它没有含义，因为它和它的用途被分割开了，仅仅留下了其原始的暗示。抱着利用声音让玩家"感到紧张"的想法，他的方式不是只专注于使用特别的声音，而是关注选择的效果："'那个声音让我感觉到什么'，同时，它可能是最好、最酷，或是最出色的声音，但是如果它不能对游戏中的情绪、气氛有所贡献，那很不幸，它就不能被'放到篮子里'"（布瑞吉，2012）。这种方式是从电子音乐中借鉴来的，电子声是从其原始声音中转换来的："我可能就是把它从质感或颜色中提取出来，然后把它变形为其他声音。它会导致稍微不自然，但可利用的音质可以让我创造一种声音世界，看似普通但很独特"[布鲁姆霍尔（Broomhall）和安德森（Andersen），2011]。

　　声音的使用旨在促使玩家逐渐变得更专注，并反思他们自己对游戏中发生的事的情感响应。

　　我试图利用在森林里听到的类似真实的声音来达到创造一个世界结构的目的——从自然的感觉开始，然后随着男孩逐渐走过世界，事情变得越来越抽象，几乎是超自然的……所以，我想要实现的更多是顺着男孩逐渐习惯于刺激性元素，而不是玩家，玩家几乎一直在努力适应，而音乐有时几乎代表宽恕。

（布鲁姆霍尔和安德森，2011）

　　正如上文对每个游戏的描述，可以从符号学的角度观察声音设计的意图和实际声带的运用。从声音设计师的角度来看，目标是"将声音看作一块胶泥"，而其运用"更多的是听者的想象，而不是我要告诉他们什么"。实际的声音本身是尚不完全明确含义的载体。如何解释或理解声音仍然处于开放状态，因为其与真实世界中对象之间的任何强有力的具体索引关系都被有意识地去除了。

沉浸其中——模仿真实，还是忽略真实

沉浸作为一个概念很难明确说明，特别是当谈及游戏时，因为它经常具有一种含蓄的真实成分，越真实的图形、环境、人物、声音被用来呈现概念时，就越会使受众得到更沉浸的体验感。我们可以谈及沉浸于或全神贯注于一本书，但很显然，它不是真实的体验。想象力沉浸在一本好的小说中是可以实现的。它并不依赖于任何栩栩如生的视听表现特征。我们可能在观看一场足球比赛时感到愉悦，或在看其他人玩竞赛游戏时感到愉悦，那种互动是间接的。逐渐展开的故事或体验是一种沉浸式的体验。它抓住了我们的兴趣点，它具有使人沉浸的潜力。不同类型的沉浸（感觉、基于挑战的、想象）需要不同的方法与设计 [埃尔米（Ermi）和玛尹拉（Mäyrä），2005]。

在虚拟环境中，为了获得一种沉浸的感觉，声音被认为符合"具有提供精确或真实声学模型"的基本要求。这种精确通常通过对声音的模仿、声音的传播和室内声学特征，以及双耳聆听表现来实现；通常采用基于图形生成技术的硬件和技术 [赛拉芬（Serafin）等人，2018]。有趣的是，在虚拟环境中，视觉和听觉功能经常被认为是分开的、互相排斥的，但是有证据表明它们在感知上是相互影响的。在一项研究中，高质量和低质量音频伴着高质量视觉影像时，音频质量影响到观众对视觉质量的感知 [斯多姆斯（Storms）和兹达（Zyda），2000]。更好的音频质量使影像看上去比没有音频相伴的影像质量更佳。同样重要的是，低质量的音频使影像质量看上去比没有音频相伴的影像质量更差。这一发现与许多视觉特效师、声音设计师的信念和生活体验保持一致。

保真度很重要，但在游戏中"声音真实"是一个得益于某种展开的概念。需要多少真实性？多洛米瓦·米莱纳（Droumeva Milena）认为对游戏音频来说真实性的概念比简单的保真度或真实性具有更广泛的视角，这里真实性"关注的是游戏环境的体验及真实性，这是由游戏声景所传达的"[米莱纳（Milena）2011，143]。如果被呈现的是一个真实场景的话，声音重复会破坏沉浸的感觉。在

《乒乓》（*Pong*）或《太空侵略者》（*Space Invaders*）里同样的声音反复出现时，人们并不认为这是个问题，但是一句话在 FIFA 中出现得太频繁时就会不经意地暴露出大型但最终还是数据量有限的评论数据库的局限性。这违反了评论需要随机性的感觉原则，即兴感应该是实况事件的标志。环境很重要，在诸如《龙腾世纪》（*Fragon Age*，2009）这样的游戏中，脚步声是游戏的一个重要组成部分，它能自然地反馈玩家角色运动和潜在的敌人的运动。相应地，对于玩家来说，重要的是它们看起来永远都不会重复，在这里，重复是可信度的敌人。

技术不一定要隐藏起来才能创造一种沉浸感。在西蒙·迈克伯尼（Simon McBurney）的舞台剧《遭遇》（*Encounter*）中，观众通过佩戴耳机来聆听作品，经常通过位于舞台上的双耳模拟人工头话筒来拾音。受到摄影师劳伦·麦肯泰尔（Loren McIntyre）和亚马逊亚鲁纳（Mayoruna）人之间会议的启发，这种方法的技术的先进性体现在许多方面，并且各种各样。

当你戴上耳机时，你就会产生一种独立视角的印象。麦肯泰尔（McIntyre）是独自的，所以你就会产生一种独自一人的感觉，作为几百观众中的一员，这好像很难实现。我想要一种私密的感觉，因为我想要观众感受他们自身与人物的共鸣。共鸣和亲密性是紧密相关的。

[麦克勃尼（McBurney），2016]

通过双耳话筒将亲密的声音传送给每一位观众，目的是给观众带来一种与传统讲述故事不一样的体验，"双耳立体声体验，把听众带入原始的表演场景中，与其他空间中相关的录音技术相反，后者把声学事件呈现在听众面前"[麦克勃尼（McBurney）引自奥罗斯科（Orozco），2017，35]。尽管这是一种欺骗性的人工手段，但亲密的印象特别有效，同时有意识地向观众展示这种技术是如何实现以及如何使用的。在游戏中，就像在电影和电视中一样，有一种假设，即真实性更强将导致更佳的沉浸感。技术进步和更精确的声学呈现将不可避免地产生更佳的沉浸感，这很吸引人，但来自其他领域的证据显示并非如此。我们从电影声音得知，这看似常识的方法自 20 世纪 30 年代美国西电公司的 J·P·马克斯菲尔德

（J.P.Maxfield）提倡声音尺度匹配法开始就注定是要失败的。在游戏中，马克·格里姆肖（Mark Grimshaw）也对这种方法提出警告，他论证道"感知的真实（与逼真模仿的真实相反），其真实性是基于提供有效的真实的编码，比声音的模拟或逼真性更有效"[纳克（Nacke）和格里姆肖（Grimshaw），2011，273]。

有意义的声音设计

声效库管理员[声音设计师斯蒂芬·舒茨（Stephan Schutze）]声音系列，《你死之前必须要听的101个游戏》（*101 Games You Must Listen to Before You Die*）中有一段对《生化奇兵》（*Bioshock*，2010）声音分析的视频。其中，他描述了对游戏中美妙音乐的运用以及最初的叙事导言、游戏中玩家角色与其他角色之间的特殊关系。他自己对在游戏中听到"小姐姐"（little sister）被吓到时的反应是愤怒：

首先，我没有孩子，但是在玩这个游戏时，我发现当我听到那个小姐姐尖叫时我的反应是这样的，我很愤怒，是什么东西吓到她们了，我第一反应是想要保护她们。

[舒策（Schutze），2013]

游戏和线性媒体声音设计之间一个基本的差异就是，在游戏中玩家不是被动的观众。我们看电影时是在听声音，但在游戏中我们可以实现互动。通过角色的行为，玩家对他们所听到的产生影响：

这意味着游戏声音有双重身份，它为玩家提供有用的信息，同时它的风格一直是适应所描述的游戏环境的。这可能对声音的作用有所迷惑，因为从创造一种临场感和游戏物理环境的角度看，它已经融入游戏之中了，而同时它又实际起到支持游戏操作的作用。

[佐格森（Jørgensen），2011，81]

游戏中的声音是为单个玩家定制的。巴特尔（Bartle）建议将玩家分为4类——有成就的人、善社交的人、探索者和杀手——每个人都有不同的喜好、不同的享受或消费游戏的方式 [巴特尔（Bartle），2004，77]。无论出于什么动机玩游戏，玩家听到的声音都会有意义，因为它为游戏世界提供了背景，以及响应玩家自己的行动。这也会对声音的清晰度带来一个潜在的问题，因为缺乏预先的决定，意味着声音的混录有被其他混杂的声音淹没的危险。其结果就像其他混录一样，需要做出一系列决策，以声音的等级决定在那些可以听到的声音中谁优先。在某些情况下，会采用一种混合系统，突出最重要的声音而不惜牺牲那些不重要的声音。鉴于声音不是被单独听到，而是与游戏中的视觉元素一起出现，这就有信息过载的可能性，它将与游戏整体的设计美学相佐。在游戏《茶杯头》（*Cuphead*，2017）（见图 9-8）中，这就意味着要丢掉很多原本意图应该听到的声音：

当我们混录游戏时，它更多的是变成了丢弃声音。最重要的声音就是通知玩家敌人的意图或表明玩家自己的意图（如他们是否已有自己的超级武器等）音乐本身对游戏具有很大的影响，是游戏中的驱动力，多数情况下它是主角，而声音设计具有在一片混乱中给玩家传递信息的能力。

[在库兹明斯基（Kuzminski）的书中，塞缪尔·贾斯蒂斯（Samuel Justice），2018]

图 9-8　《茶杯头》

这种把声音用于给玩家传递信息的想法看似简单，但十分重要。在本章开始时，我们讨论了交互式媒体和线性媒体之间的异同。它们之间还有另外一种相似性，影响到在两个行业的从业者。对于游戏来说，就像电影一样，大众有一种普遍的认识，就是认为视觉是媒体的本质，而声音仅仅是陪衬：

如果你的角色失去了看和听的能力那会怎样？在图形世界中，答案就是简单——"不可能有这种情况"。没有声音可能还能玩游戏，但没有视觉，则没有其他足够的信息来补偿。

[巴特尔（Bartle），2004，231][11]

虽然这个观点看似很有道理，但有很多游戏的范例可以驳斥它。很多游戏，盲人玩家也可以玩，即使这个游戏并不是为这个目的而设计的。"你几乎可以闭上眼睛玩"通常是对一个游戏声音设计的赞美。许多被遮住视线的玩家（盲人、部分眼盲的人、暂时眼盲的人）玩特别为他们设计的游戏，但许多盲人也玩正常的游戏，这些游戏使用正常的声音设计，也可以为盲人提供足够的反馈。虽然《超级马里奥64》（*Super Mario 64*，1996）最初的市场目标是"任天堂3D"环境，但盲人玩家描述它为：

游戏中有全部这些音乐和声音提示的设计……你拾起一颗星、玩家跳跃或你拾起硬币时都会感受到这些设计。在你无法依赖视觉提示的时候，游戏中对每个事件都有不同的声音提示，比一个奖励本身意味的还要多。

[韦伯（Webber），2014]

只使用音频的游戏也日渐增加。他们可以利用一种强化的听觉感知，作为投入黑暗世界（不可视）的实力，如《三只猴子》（*Three Monkeys*，2015）。游戏也可以作为训练场景，如《蓝夫人传奇》（*Legend of Iris*，2015），受《塞尔达传说》（*Legend of Zelda*，1986）的启发，它可帮助失明的孩子在幻想的游戏环境中学习行走[阿兰（Allain）等人，2015]。开始给每个玩家呈现一个小任务来熟悉控制，通过逐渐复杂的任务，来开发不同观众的技巧，如定位、关注、跟踪移动的物体、躲避移动的物体、利用环境声来进行定向和空间记忆[阿兰（Allain）等人，2015，2.2]。

游戏音频设计方式的影响和价值可能很明显，也可能不明显。在游戏背景环境中，对游戏人物、武器、敌人等的学习过程给每个玩家提供了重要的机会去学习在游戏中生存。他们的重复出现可让玩家在他们的动作与响应之间建立联系。声音设计中的反复出现的元素也可能强化有关游戏环境，或特殊的角色或敌人的特殊细节。情绪响应可被引导或暗示。

在每个阶段，任何游戏类型或风格都会有同样的结束指令。在进行声音设计时就会考虑这一目的。虽然有可观数量的"点状"的特殊声音出现，但是最重要的还是考虑情绪的或作为叙事元素的声带会带给听者的影响；换句话说，作为声音设计的结果，玩家应该知道、想到或感觉到。因为游戏也利用声音作为反馈、作为游戏操作的指导手段，我们应该在设计师的任务列表中添加让玩家做什么的意图（在理想环境中），以此作为结果。

总结

R. 默里·谢弗（R.Murray Schafer）的自然声景的观点（1993）是对视觉风景的类比，因为它考虑的是人类听域内的所有声音，可以被应用于游戏。这些制作的声景是背景，是我们存在的世界的基础，它为我们提供故事或游戏展开的场景。其余部分将作为前景，或需要我们关注的行为动作以及事件结果。还有一些奖励细心的听众的信息，这些信息不是很容易被随意的或漫不经心的玩家发现。声音设计师的工作就是创造这种声音元素的多重性，支持许多以及不同的游戏操作的需要。

谢尔（Schell）的《游戏设计艺术》（*The Art of Game Design*）中提出了很有用处的基本建议之一，就是给想象留有空间，这个主题可能在许多游戏音频之外的声音设计领域发现"知音"。虽然在技术、方法以及意图上交互式声音设计师的工作内容与其他领域声音设计师的有许多不同，但在其他方面仍有许多共同之处。任何声音设计师都要思考声音的目的、功能和效果。

在一些交互式体验中，对声音运用的探索，并没有止步于和"仅仅将声音点缀于事物之上的工作"相混淆，这非常重要。声音设计师不应该寻找运用声音的理由，他们应该设计一种方式，其中声音应该对应用的最终目的做出贡献。换句话说，在这种语境下，声音是一种手段，不是目的。这不是有关"适用于"的问题，而是有关"有益于"的问题。

[瓦尔特（Valter）和利西尼奥（Licinio），2011，364]

如同其他类型视听声音设计的情形一样，声音设计的目的永远是效果，所以声音设计的工作就是通过声音创作来达到目标效果。在 8bit、64K、1MHz 系统的时代讨论游戏开发时，克里斯·克劳福德（Chris Crawford）提出了两个假设性的未来：一种介于没有进一步技术发展（的未来）或没有进一步艺术发展（的未来）之间的选择：

可能，这两种未来都不会出现——我们既会有技术的进步也会有艺术的发展。但是我们必须记住技术的进步，虽然整体令人向往，但它不是计算机游戏变革的引擎……艺术性的成熟将是计算机游戏业发展的动力之源。

[克劳福德（Crawford），1984，106-107]

当前多数声音研究都与沉浸式声音有关，但是正如同对声音自身的研究一样，基本的关注点将分为两个方向，即涉及我们对术语"沉浸式音频"的理解和它实际的含义，以及我们对它的假设。从技术角度来说，"沉浸式音频"通常是有关声音现象的精确模仿以及重现，无论是通过耳机还是音箱网络。[12] 另一种解释是有关聆听的心理学以及沉浸的感觉，也许与人类听觉感知的精确物理模型相关，也许不相关。一本书可以是让人身临其境的，但很少有人会说这是因为其如生活体验一样的沉浸特征。对声音的研究，探究声学模型、沉浸式和互动式音频系统已带来了实现声音的新技术、新方法，特别是在虚拟现实和增强现实的应用中。对于渴望创造的声音设计师来说，一个终级问题——几乎是一个世纪以来视听设计经验所展现的，对真实世界的善意复制或对真实世界的模拟并不是创造让人产生兴趣、打动人或吸引人的作品或体验的最佳途径。忽视或阻止技术的进步是愚蠢的。技术的进步不断把具有创造力的艺术家引向新的高度，但它在给人灵感的同时，却很少被认为是成功的原因。记住，通常最有效的声音设计来自对手头工具的谨慎运用，将其作为解决问题、实现创意的方法。

注释

1. 在写本书时，美国娱乐软件协会（Entertainment Software Association）的数字显示，在美国这个最大的游戏市场，2017 年消费者在视频游戏内容上的花费大约为 290 亿美元，而在硬件和其他配件上的花费只有 69 亿美元。

2. 按照其创作者史蒂夫·拉塞尔（Steven Russell）的说法，《太空战》（*Spacewar*）使用了程序与数据共享 4000 个 18bit 字符的内存，因而没有包括声音 [高桥（Takahashi）和拉塞尔（Russell），2011]。

3. 在最初的阿塔利（Atali）游戏厅版本中，《乒乓》的音调结合了音高与时长。玩家球拍击打的声音音高为 500Hz，时长为 0.04s（大约为视频一帧的时长），球撞在墙上（音高为 250Hz，持续 1 帧），任何一方玩家得一分（音高为 250Hz，持续 10 帧）。在该游戏的贝纳通（Binatone）版本中，所用声音的区别只是音调的不同：任何玩家的球拍击打（1.5kHz），撞墙（1kHz）或得一分（2kHz）。

4. 这种批量生产的系统由音频中间件支持，如 Audiokinetic Wwise 和 Firelight Technologies FMOD（散件）以及其他许多定制的音频引擎。

5. 游戏中全部的美学元素的列表为：a. 感知——游戏让人感到愉悦；b. 幻想——使人相信的游戏；c. 叙事——戏剧游戏；d. 挑战——过关游戏；e. 团体——社会框架的游戏；f. 发现——未知世界的游戏；g. 表达——自我发现的游戏；h. 服从——消磨时间的游戏 [汉尼克（Hunicke），勒布朗克（Leblanc）和祖贝克（Zubek），2004，2]。人们已经注意到，审美一般为个性化的，不同的玩家会产生不同的反应。"审美"（aesthetics）这个术语可能很容易被"影响"（affect）这个术语替换。

6. 我们应该注意到，有很多确定的范例可说明界线被故意模糊了，例如在《灼热的马鞍》（*Blazing Sanddles*）中，当贝西公爵（Count Basie）的交响乐队变得可见时的音乐，或转场或音乐（非叙事时空）变为有源音乐（叙事时空），它们来自故事场景中，通过收音机或背景乐队奏响。

7. 叙事时空 / 非叙事时空模型经常被有源音乐 / 作曲音乐模型取代，其中来自故事中人物环境的音乐为有源音乐（source），而那些只能被观众听到而不能被剧中人物听到的就是作曲音乐（score）。

8. 有些人可能会争辩，这与《阿尔菲》（*Alfie*）、《安妮·霍尔》（*Annie Hall*）或《失恋排行榜》（*High Fidelity*）一样，一个人物打破"第四面墙"，直接向摄影机 / 观众讲话。例如，在《阿尔菲》（1966）的开场场景中，迈克尔·凯恩（Michael Caine）直接向摄影机讲话，在影片字幕及演职员表出现时介绍自己，然后又说"我想你们就要看到这血淋淋的片名了，但是你们没有。所以，你们都松了一口气"。

9. 在电影中，将叙事的声音集中于前置扬声器通道的传统，可以避免"出口标志效应"，即消失在画外的物体的声音出现在实际影院的某处。[霍曼（Holman），2010，30]。

10. 虽然安德森（Andersen）是声音设计师，但是在有些地方他是作为作曲者的，例如在某些游戏网站百科页中，这并不新鲜。在《大金刚》（*Donkey Kong*）的百科条目中，其身份有导演、制片人、声音设计和作曲。

11. 有趣的是，作者在脚注里会提到，他在 5 岁时几乎失聪，但在手术后他的听力有所恢复，尽管存在持久的影响——无法辨别声音的方向 [巴特尔（Bartle），2004，403]。

12. 参考计算机游戏声学模型的例子 [米加（Miga）和兹奥柯（Ziólko），2015]，以耳机为基础的沉浸式（Yao 2017）或使用波前合成式沉浸式音频 [林姆（lim）等人，2014]。还有一些人进行了有趣的交叉学科的研究，研究与声音相关的物理响应，如阿什尔（Usher）、罗伯逊（Robertson）和斯隆（Sloan）（2013）。

第 10 章

实践中的声音

重提声音分析

历史上，最初对声音的严肃探究把它看作一个统一的整体，但最终分成了两个主要的研究方向。从科学角度来看，把声音的声学研究和作为人类感知对象的声音研究分割开。在声音技术的发展史上，有许多明确的里程碑和熟悉的名字，这些人为几十年、上百年后研究声音的人铺就了声音研究之路。数学家们如傅里叶（Fourier）、奈奎斯特（Nyquist）和香农（Shannon）的工作，以及由贝尔（Bell）、爱迪生（Edison）和马可尼（Marconi）开发的技术，都对声音技术的发展以及对所有形式的声音的运用产生了深远的影响。一旦录制、传播、重放声音变得随心所欲之后，声音也就成为可以被操控的东西了，同时还保持着其自然的面貌。当同步或与视觉影像重新同步成为可能时，无论是真实的对象，还是在银幕上或虚拟环境中看到的虚拟对象，两者都会共同作用隐藏其人工痕迹。这种"魔术"就出现在眼前，被生活的真实体验所隐藏，它告诉我们能够相信自己的感知，即可以相信所看到的、听到的。

这产生了另一声音研究的主要分支，不关心声学或技术，而更关心声音是如何被感知的，以及在被感知后，它是如何被理解或解释的。这一点是声音设计师特别感兴趣的，声音可能被用于支持或暗示客观存在的真实形象，同时制造一种真实的幻觉或同步整合。它可被用于暗示一种情境或探究人物的思想或意图。用声音解决问题的基本方法促使"声音设计"这一术语诞生，也就是本书一直讨论的问题。虽然，对一些人来说这仍然是个有问题的术语，但考虑到它横跨不同业界的特殊历史，它是承载着广泛含义的术语之一。声音设计通常被用于解决问题，同时其任务是不会破坏作品的艺术性和美学方面，这个总称被用来描述它所承担的工作。"设计"这个术语突出了声音无论用在哪里（无论是在电影、电视、游戏还是作品设计之中），其最终的指向、解决问题的特性。[1]

声音设计的大部分工作都花在决定一个特别的声音运用会被如何"解读"上了——观众或玩家如何理解它。对符号的研究，潜在适用于检验作品的声音和实践两方面。特别是皮尔士的符号学，看起来特别适合探索声音的各种可能性。其前提是"没有符号，我们就没有思考的能力"，皮尔士建立了一个模型，其足够的灵活性可以描述任何类型的符号运用，这主要得益于以语言为基础的符号学模型 [皮尔士（Peirce），哈茨霍恩（Hartshorne）和威斯（Weiss），1960，5.284]。声音可以被认为是符号中的能指，声音指代一个对象，它可以被大脑理解。然后它让我们关注声音的运用，无论是音乐还是口头语言，熟悉或不熟悉的、常见的或独特的声音。这一模型也可以应用于更具体的理论或衍生的声音从业者模型，例如那些由理克·阿尔特曼、米歇尔·希翁和沃尔特·默奇提出的模型。

有了皮尔士的符号学模型工具，我们可以将其用于揭示在故事讲述中声音作用的独特性，如在科波拉的《对话》中逐渐展开的含义，其中信息逐渐积累形成我们对事件的理解。这些模型也可能被应用于微观层面，如在分析墨雷·斯皮瓦克创作的《金刚》中的单个声音的时候。它们也可以应用于一系列循环的声音符号的宏观层面，如《老无所依》中含义丰富又系统地对声音的运用。

对非故事片背景下声音的运用提出了如故事片一样的问题，它也具有丰富创作潜力的可能性。因为早期的非故事片电影采用的技巧与技术与任何其他视听作品大致相同。不同的地方就是电影人的创作动机以及他们对声音的不同选择，以及对观众如何看待他们的作品效果的认知。非故事片制作对每部影片可能需要的大量技术、艺术和社会政治决策，呈现一种极度的道德规范尺度。但是，非故事片讲述真实的自然状况，不应该被看作某种需要或缺乏创意的象征。相反，在很多非故事片作品的声带中有大量的创意工作，有时为了让观众形成一种真实的印象而不得不使用隐藏人工痕迹的技术，其作品则明确向观众表明选择的类型，使得非故事片作品以一个特定的视角来讲述故事。

最近，互动音频行业以及 VR 和 AR 的发展，为声音设计师创作新世界提供了更多的机会。虽然，在技术上变得逐渐复杂，但在为交互式环境下声音创作的决策上仍然是沿着创造、美学和设计走向的。从视频游戏《乒乓》开始，我们就一直知道一旦最简单的合成声音与玩家的动作同步，对于玩家来说那个声音就有了含义。声音的部分用途就是它把眼睛从关注的信息中解放出来。就像电影一样，游戏需要声音提供一种真实感，与其他为玩家提供的情绪引导一起，作为更广泛视听反馈系统的一部分，它可以被习得并掌握。

虽然，在媒体中经常涉及声音，但作家（无论是理论家还是批抨家）显示出对制作过程的误解或根本忽视，这种分析也是不完整的，而且通常没什么意义。在一篇名为《声音研究的宣言》的文章中，马克·凯林斯（Mark Kerins）指出声音研究领域潜在的富有成果的研究重点，特别是电影声音研究：

> 许多写电影声音的人，无论是对电影内在或外在的研究，都表现出对电影声带各制作过程以及参与人的创作的了解非常有限。一个常见的例子就是，仍然经常有人假设银幕上的对话都是在现场录制的，尽管 ADR 在现代电影制作中已经很普遍。由于这种对实际制作策略的忽视，导致了不完整、可能不准确的技术结果和分析。即使使用了看似基础的如"声音设计"这样的术语，其也是历史性的问题，它在 20 世纪 70 年代才出现，而且仍然是电影声音专业人员争论的主题。更多重要的研究（包括对电影声音专业人员的访谈和可用的档案录音的研究），随着人们对电影日常制作实践的基本理解，可能对电影声带是如何制作的、电影人在不同时期面对可能的局限性（技术和美学），以及为什么电影人做出特别的决策，提供有用的背景。

> [凯林斯（Kerins），2008，116-117]

为了得到对声音设计在视听作品中（如电影、电视和视频游戏中）的作用更全面的理解，听听从业者是如何描述他们的工作的，这一点很重要。每个从业者对采用不同声音设计方法的合理性解释，可以揭示很多他们工作的基础。本章考查从业者们的观点，揭示一些基本的见解和一直在发展的声音设计工作实践，看看横跨不同行业的从业者、行业的工业技术、角色以及作品类型之间的共性。

重新考查声音设计

对于那些工作于视听声音制作领域的人来说，有一种含蓄的共识，他们的决策是为了作品整体的利益。这是一个由两个部分组成的处理过程。首先是有关观众应该知道、想到或感觉到什么的问题。一旦决定下来，处理过程的第二部分就是花时间来回答这个问题：如何最好地达到这个目的？对于许多从业者来说，这一过程是如此"凭直觉的"或自然的，通常没有文字去表达它。佩德罗·塞米纳里奥（Pedro Seminario）描述了游戏声音设计想法的过程：

当你试图为并不存在的东西创作声音时，你最好首先弄清楚它的意图……哦，这是个僵尸。好吧，那我们要把注意力放在哪部分上呢？此时要努力完成的就是让世界上所有人都认为它是个僵尸。

[哲辛（Gershin）等，2017]

符号学模型也可以为那些没有直接参与声带或声景制作的人揭示声音设计实践的最终导向，有关声音的决策则是基于它们产生的效果：作为结果，听众会怎样想、怎样感觉或如何感知。

多数讲故事的人或那些参与任何类型交流的人，总是喜欢以某种方式影响他们的听众。在某些情况下只要提供简单的信息，可能就足以产生某种变化。记者报道一场干旱或战争，可能不需要修饰（它可能会削弱报道的效果）来使观众内心有所反应。对于那些沿着从真实到幻想之间连续地带的人，在如何表现、表现什么以及以什么方式表现等方面有着不同的选择。"声音设计"这个术语在本书中通篇自由使用，虽然应该再次承认，对于许多人来说，它仍然是个有争议的术语。对于不同行业的人来说，它有着不同的含义，而且对于同一行业的人经常也是如此。在使用"声音设计"这个术语时，有人试图将概念结合进来，涉及理性的决定；无论怎样，它都是选择的结果。这并不是说，选择不是艺术。设计和艺术不必是两个极端。确实，它们实际上共同存在于有意运用声音时的所有情况中。

在每种真实的意义上，声音设计是一种解决问题的工作。有很多需要被用到的声音，但为了保持逼真性它们需要被剪辑或替换，同时还要隐藏人工痕迹。有很多添加或操控的声音，被设计为不引起人们的注意，但这些声音在启发情绪中很有帮助，否则它们就不会存在或不足以存在。电影《血色将至》（*There Will Be Blood*）的声音剪辑师蒂姆·尼尔森，描述了他创作电影开场 15 分钟段落的情况，那个段落没有对话，大部分没有音乐，丹尼尔·普莱恩维（Daniel Plainview）[丹尼尔·戴－刘易斯（Daniel Day Lewis）饰]在一个洞里，开采银矿。

很多都要归功于电影，你沉浸于电影之中，没有注意到声音……重要的是这个开阔的荒凉世界，以及这个幽闭矿工的存在，他花了一整天时间努力寻找油。为了这个目的，我们所做的就是突出这种对比，让他在情绪上对比强烈。

[尼尔森（Nielsen）和默雷（Murray），2015]

在声音和影像或对象之间有一些关系可以产生对叙事的解释，无论是明确的还是含蓄的。每种元素，无论是声音还是影像，只是作品的一部分，它们是相互依赖的，声带依赖影像，影像依赖声带。

虽然，这里关注的焦点是在媒体中对声音的运用，但在其他声音设计领域也有同样的问题需要解决，如美术设计、交互设计或听觉展示（auditory display）。除了满足基本的声音的功能，通常还有其他的需求，如美学品质、表现力或趣味性，特别是把声音设计应用于某些新产品或交互产品时。在这里，"声音得具有一种特性，其自身的特性，它基于声音的特质或声音处理的特质，而不是声音与熟悉的'自然'声的对比"[哈格（Hug）和米斯戴利斯（Misdariis），2011，25]。发展声音观念的策略可能涉及一个其他概念形态的起始点，比如绘画、音乐或建筑，它被用来作为一个开始点、灵感的源泉。这里，目标通常被概括为不是声音的术语，而是功能和美学的术语，以及潜在适合于声音已建立的世界或家族。例如对于电动汽车，就有许多新领域需要重新规划。宝马汽车的声音设计师埃马尔·维格特描述了为竞赛汽车创作声音的问题，因为电动车不再有内燃机，但尽管如此，也要传达一种运动感：

在电动汽车领域，或一辆"运动型声音"领域，这是一种新的处理，我们仍然在探索。对于内燃机，我们知道我们期待什么。我们知道运动的或动态的声音是怎样的。但是对于电动汽车，虽然参数、物理尺寸等是一样的，但内容变了。

[维格特（Vegt）和默雷（Murray），2015]

尽管听起来可能有些奇怪，声音设计经常是有关赋予生物特征或让物体有生命。对于宝马的新车型来说，维格特简要介绍了与车的特征有关的指导原则，就是传达一种作为"好公民"的概念，以及更加传统的目标：

EV：我们讨论声音的关键词之一就是"友好"，因为许多宝马汽车声音较大，有一种侵略性：一种姿态，那是一种动态的、想要运动的动力。这种（这个型号的车）侵略性不是设计目标之一。

LM：其特征设计，差不多就是声音设计的方式吗？

EV：是的，因为"友好"不应该意味着声音弱小。当你走到汽车前面，它的声音应该让你驻足，因为它会臣服于一切。声音精确、友好、仍然有动力，但友好又有动力是不容易实现的组合。轻量仍然是目标，因为车是轻量级的，它应该也通过声音来传达。如果我有一辆车，听起来特别重，那你就会对它的轻量级定位产生一种冲突感。

（维格特和默雷，2015）

录音、剪辑和混录的实践可以概念化为一种声音设计任务，声音最终是一种手段，其本身不是终点。符号学模型也可以向那些不直接参与声音设计的人解释，实践是以目的为导向，声音的决策是基于它们产生的效果：观众、玩家或用户会如何思考、感受或了解。感知声音并不是在创作过程完成时赋予的多余或辅助的步骤，它可以被看作人工创造的最重要的方面。

除了声音的真实性和可信性，声音还需要赋予个人或地域特征。查尔斯·梅恩斯（Charkes Maynes）描述了声音与影像之间的预期对比：

我认为就整体而言，核心问题之一就是声音经常被要求为视觉维度增加真实感。所以，当可能有幻想的计算机生成的影像时，就期待声音赋予它实际的可信性。所以，我们花大量的时间应付它。当然，我们支持叙事，这首先是我们考虑的问题——但我们没有与视效类似的自由度，因为如果我们要做些奇特的没有视觉关联的效果的话，它就会分散注意力，对于叙事来说会适得其反。

（梅恩斯和默雷，2015）

这种声音和影像之间的相互作用会产生一些局限性，但也在很大程度上保证

199

了艺术性。马克·曼吉尼的第一份声音工作就是 20 世纪 70 年代在汉娜·巴贝拉（Hanna Barbera）的动画工作室进行动画声音设计。动画工作在韩国或中国台湾完成，然后再合成，接着开始声音设计工作。

这是一个很棒的训练环境和一部很棒的动画片。这是一种独特的技术，我们经常开玩笑说你总会精于它的……当放映季非常忙时，你就没有足够的受过训练的卡通声音剪辑师了，我们就得从当地工会聘请人，他们就会派人来。有个人一直在剪辑电视连续剧或《夏威夷神探》（Magnum PI），他们没有太多的卡通美学观念，你则不然……你总是要利用象征的声音。你不会用真实的声音。所以要重新培训那些人，那总是一个有趣的过程。

（曼吉尼和默雷，2015）

那种扩展声音与影像之间联系的方法是一种富有成效的方法，由特泰格·布朗（Treg Brown）等先锋开创，它们已经成为更广泛的声音设计或为不存的东西设计声音的非常有用的基本方法。

我发现，我欣赏泰格（Treg）这样的人，他们在利用象征方法的道路上越走越远。当你看到动作出现时，你能利用声音走多远，同时还在讲述的故事之中。那就是最有意思的部分。这就引出了声音设计，产生象征的东西，这是声音设计最重要的部分了。

（曼吉尼和默雷，2015）

如果从符号运用的角度来考量声音设计实践，我们可能把声音设计师的角色想象为声音的安排者。选择的声音有时可能是非常熟悉的，但有时可能是完全陌生的。每个声源或效果可能是立即可从其背景声音的类型中辨认出的，如当一个声音与视觉的动作同步时，或当一种类型的音乐被用于引起或伴随一个场景时。声音也可能不暴露自身，反之需要听众来猜测它的含义，同时这种猜测要根据某些新的信息或一段时间的沉思来重新考虑。声音设计师可以控制声音本身，但他们不能完全控制那些声音能指可能被听到的方式，它们所指的准确内容以及它们会如何被解释或理解。

声音设计师开始以某种方式操作或控制声音，他们意图让观众这样去解读他们创作的声带或声景。某些声音，如对话最应该被观众听到，有利于故事的展开，其他声音可被用作线索，不一定立即被观众理解，但它可能提供一种关联，可以被以某种方式解释。同样，其他一些声音可能纯粹被用于引发一种感觉或情绪反应。大卫·林奇（David Lynch）的电影和电视剧的声音经常被作为一种为了特别的情绪而进行特别的声音处理的范例，而不是任何明确的有关人物或叙事的信息。仅仅在观众中创造一种迷惑、恐怖或熟悉的感觉，可能正是电影人希望的效果。无论电影人希望的效果如何，声音设计师的工作就是为了以某种方式影响观众而组合不同的声音。

对于某些项目，声音可能经常扮演配角，经常去营造一种真实感。有些讽刺的是，一些电影中受到称赞的部分往往带有明显的逼真或真实感，而这部分被称赞通常是因为那些不可见的动效师们的工作做得好。马特·哈什和他的动效搭档杰伊·派克已经制作了一些作品，如《火线》（*The Wire*）和《真探》（*True Detective*），还有电影，如《摔角王》（*The Wrestler*）和《珍爱》（*Precious*）。听到别人称赞某人做的工作不错时感觉很好，但对于马特·哈什来说，为一个场景花时间和努力去创作声音时，作品的需要总是排在第一位的。

我认为，如果我们所做的工作真正正确的话，你就感受不到某些真相。我们知道哪些是我们做的，哪些不是，但是它显现不出来。

［佩克（Peck），哈斯克（Haasck）和默雷（Murray），2015］

开始一个新项目时，是否选择制作特别的动效要取决于剧本、人物或要突出展示的与情境相关的特别需求。

我应该说，我对它的感知，总的说来，除非特别注意——我们的工作要做得非常真实，完全融入制作之中。一旦你融入一个段落，就会感受到作品的情绪。你可能会说，我并不是想突出汽车喇叭声，但因为我们一直和这些人合作，所以他们知道我们去观察人物的感觉足够灵敏，会试图突出某个人物或情境。

（佩克，哈斯克和默雷，2015）

为了让声音最大限度地起作用，那些合作者们虽没有直接参与到声带的制作中，但足够信任那些声音专家的工作。马特·哈什称赞节目制作人大卫·西蒙（David Simon）和 HBO 电视网的深谋远虑，对《火线》中的细节如此关注。

如果我们下一季要拍摄学校，在没有到拍摄季时，他们就会去学校录音。他们去巴尔的摩港的集装箱场地，为那里做特别录音，大卫·西蒙喜欢聘请当地人来做 ADR 录音。简（Jen）让这群不大合适的人——实际上那些是为《街角》（The Corner）的角色选的人物，在《火线》里得到了工作——组成了一个 ADR 配音小组，在街上演那些"红帽子""蓝帽子"（小商贩）。这些都是街边的孩子，所以真担心他们的合法性和可靠性。大卫·西蒙的其余工作也是如此。

（佩克，哈斯克和默雷，2015）

尽管可靠性或真实性在一些任务中为头等重要的事情，但在幻想的世界中声音扮演着不同的角色。从字面意义上看，为想象中的生物或怪物设计声音可能离做动效很遥远，但每个声音决策仍然要考虑故事的整体。《权力的游戏》（Game of Thrones）的声音设计师保拉·费尔菲尔德描述了她设计声音的工作，每个声音决策都与整体的影片相关：

任何人都能把很多很酷的声音和任何东西剪辑在一起，感叹道："哦，多漂亮"。但你知道，这声音可能还算可以，但我对此不感兴趣……你是如何把声音和观众联系起来的呢？你要他们感受到什么呢？你讲的是什么样的故事呢？如果没有故事，我就创造一个故事出来，我需要故事。

［费尔菲尔德（Fairfield）和默雷（Murray），2015］

对于保拉·费尔菲尔德来说，这始于对情感的关注："这使你感觉如何？"在《权力的游戏》中，声音设计师的作用首先是创造剧中的奇幻元素的声音：龙、可怕的狼、猛犸象、巨人、梦和渡鸦。这并不意味着整体与真实背离。确实，声音设计仍然需要有某些目的，以便支撑人物和叙事。

对我来说，在头脑中有些东西合理，对于某些人来说要理解它需要逻辑。你可以不理解它，但你必须感受它，有些东西……它永远都不是有意识的，就像"龙"，他们（制片人）经常说："我想让所有人都哭"。有那么多龙，那不是件容易的事。对我来说，最美丽的是我通过龙讲述我的故事，同时当你说："天呐，那些龙打动了我"。你听到了我的故事，虽然你不需要知道那是什么，然后它就成了你的故事，但你听到了我，那就是所谓的艺术。

（费尔菲尔德和默雷，2015）

对于《权力的游戏》中龙的声音，保拉·费尔菲尔德采用了一种象征式的声音设计，它基于真实生活，通常来自不寻常的声源。

我对待世界的整体方式通常是象征和类比。那就是你要做的——对事物应用声音的类比。例如，在我制作龙的声音时，我受到视觉效果的启发。当它进来，你看到它时，像眨眼或面部的一些动作或其他什么，找到和它匹配的声音。在刚过去的播出季中，我将我的狗的鼻音哨声配在龙上，它们的效果好极了。对我来说，那声音就是我 13 岁的可爱的宠物狗的声音，它特别强壮、有力量。最好听的声音之一，就是当它站起来（近景）时，那种几乎听不见的鼻子里的哨音，它是那么亲切、温和。听见这种声音，把它配在龙身上，就得到那种微妙的感觉……所以，试着用一种像那个声音一样美妙优雅的声音给龙配上，看看会发生什么，就是那么简单。

（费尔菲尔德和默雷，2015）

这些声音的类比，把熟悉的感觉从一种情境转到了另一种情境。作为观众，我们可能无法识别那确切的声源，但目的是足以提供一种象征的联系，来达到声音工作者所希望的结果，无论这种联系可能是什么。

交流与合作

在被看作专业的或某种"魔法"创意的领域中，交流的需求至关重要。对于查尔斯·梅恩斯（Chares Maynes）来说，有时缺乏共同的语言是个问题。

特别不确定。真的没有硬性指标、快速计量的方法能够确定结果会怎样。有一点是，看起来就是当你经历得越多时，人们就会倾向于以与具体指示相对立的抽象的术语来交流，这时你会感到更舒服。他们会说："是呀，我想要的感觉像是这样。"同时，他们期望你也能做到那一点。

［梅恩斯（Maynes）和默雷（Murray），2015］

"我想要的感觉像是这样"可能听起来有点模糊，但对于许多声音设计师来说这是个很有用的设计起始点。一个声音设计师带给你的是他们对如何最好地实现他们目标的判断。

"我想要这个声音听起来像《黑客帝国》（*The Matrix*）那样"，这听起来有些可笑，但有帮助，因为有一种美学与《黑客帝国》相关，这非常简捷。那是超现实的。如果导演也不能明确表述，你说你给他们一些"泰伦斯马力克"（Terence Malick）一样的东西，或某些对画面诗意的表述，那你就完全失败了。我猜你几乎得从头开始，说："你想要什么感觉，有什么以前的作品是你喜欢的、可以作为参考的？"这仍然很模糊，因为这种解释方式很宽泛。

（梅恩斯和默雷，2015）

在其他领域，处理过程差异很大，为了处理过程顺利，有些需要特别的准备工作。在看起来可能神秘的动效领域，语言和传统就与声音的其他领域不同。实际情况是，实际做这项工作的人以及执行这项工作的人之间不总是有共同的语言。

我认为大半的交流是争论。在 Sound One 公司，一位声音监督带着导演来我们的棚里监督我们的工作："那个弹簧高跷怎么弄的？""这是我们做的。""啊，不错，但是我们再试试别的。"我们可以来回试验，但是这和面对面的工作不同。我们怀念那样，但我们也几乎和我们的监督一样。所以，如果这项工作有声音监督的话，我们通常和同一帮人合作。但是，你突然叫来一个新导演、新制片人。从某种程度上来说，那就成了"打电话"的游戏了，有的时候我们的声音监督得发明一种新语言来面对这些新人。

（佩克，哈斯克和默雷，2015）

对于那些选择写有关声音的文字的人，一个最基本的问题是，文字无法传达用声音很容易展示的东西。如果写有关音乐的文字就像跳关于建筑的舞蹈，那么写声音的文字总体上会一样的抽象，因为我们甚至没有方法来精确表明远远在第一层含义之上的声音运用的方式，无论是以书面语言还是以音符。

在录音、写作、理论化声音和声音效果之中，我们如何用文字在出版物中表现声音的饱满？书页上的字词和图形能够恰当地表达听觉、感觉和理解声音的许多感受吗？音符、字母或图形能提供足够的信息去理解并表演一段音乐或重现戏剧的某个时刻吗？语言文字可以表现有音调的语言、讲话的激昂形式、有特点的口音，口头语言表演，以及对话和多语言事件的复杂性吗？

[帕奇（Patch），2013]

写本书最初的动力是一种信仰，或至少是某种怀疑，许多从业者在他们处理工作之中有一种共同的支撑工作的根本原理还没有被弄明白。许多受采访的从业者都提出了一些问题，声音的创造性工作经常不经意地被轻视了。这部分因为声音的"不可见性"，难以确定声音工作者实际上做了什么工作，但也是因为声音工作者工作过程在实际上相对较少有人能听出来，而且，即使他们的工作被人听到，经常也难以立即明确他们的工作最终达到的效果。分析和讨论声音的部分问题的部分原因是缺乏合适或一致的词汇。一种可用于描述声音和声音实践的目的、功能的语言，它可以帮助去掉蒙在声音从业者工作上面不为人知的迷雾。利用这种以符号为基础的模型和概念，我希望可以在整体上对分析声景、具体的声音以及声 / 画结合的分析有用。它提供了探究声音运用功能的、表现的、美学的以及象征的手段。符号学，作为一种总体的模型，其他的电影声音理论可以被纳入其中，已显示出足够的灵活性来提供综合而普遍的研究方法，可以同样被应用于声音设计的分析与实践。在与非声音专家合作者的对话中，有一种找到了共同的、对每一方都有用并且富有含义的语言的感觉。描述具体的声音可能看似合理，但可能在实践中并不是特别有意义。从其他方面借用来的隐喻可能是达到最终目的的途中的一个驿站，而描述一种感觉或情绪通常更有用，因为它实际上离设计的最终目标更近，也许距作品整体更近。

对于《星球大战》（*Star Wars*）来说，本·波特（Ben Burtt）被给予的艺术作品和整体任务是"未来感"，而不是那些生物、武器或飞行器需要的个别具体的声音［惠廷顿（Whittington），2013，63］。这个目标得以达到正是依靠了声音设计师的技艺。声音设计师和他们的客户，通常是导演或制片人之间富有成效的对话，有代表性地达到了最终的目标。

通常，我们会努力，让技术来帮助我们实现效果。技术帮助我们做事，但其可能是我们工作中最不重要的部分。首先，我们总在以情感的方式讨论声音，这比较困难，因为情感非常主观，但它是电影的目标——讲述情感的故事，所以我们通常开始和导演讨论情感。

［尼尔森（Nielsen）和默雷（Murray），2015］

这为探讨艺术家或声音设计师的创作敞开了大门，在完成所需的任务时不会限制或束缚他们。对需要内容的有效交流，意味着不给创作的专家在任何领域内强加限制，而是让他们创作有含义的对象（无论是物理的、人为的、视觉的还是听觉的），使声音具有想要达到的效果或导向意图的解释。当从业者们讨论他们的方法、工作和他们认为重要的东西时，再次出现的还是故事和情感。对于混录师汤姆·弗莱奇曼来说，故事和情感对于任何要参加混录的人来说是两类极其重要的内容。

只要那些人得到适当的训练，就会有正确的美学观、感觉和创意。再次强调，他们需要知道我们的故事。他们真是为故事而混录吗？还是他们只为了声音听起来很酷？

［弗莱施曼（Fleischman）和默雷（Murray），2015］

声音的作者

对于工作在声音领域的人来说，最崩溃的事，就是很难被认可自己所做的工作是创造性的工作。这是由声音从业者不经意间成功地隐藏了他们的工作痕迹而引起的。这很容易理解，例如，书上的每个字都是经过选择的，因为有人决定把它放在那儿，但声带则不同。对于声音设计师马克·曼吉尼来说，声音作者与其他作者没什么不同："电影中没有偶然的声音。每个声音都经过选择、创造、定位、设计……'精心谋划'是恰如其分的词，它赋予设计师荣誉"（曼吉尼和默雷，2015）。但是，为每个声音片段划定作者是极其困难的。它通常看似完全自然，即使在动画或完全由计算机生成的影像中也一样。与电影摄影或音乐不同，声带中通常没有作者的痕迹。我们理解音乐看似不是从哪个地方发出的，而任何人看着影像可以想象出必须有人在专门的位置放置一台摄影机，朝向特定的方向才能得到这个结果。

这是因为多数人的视觉素养强，它成功地渗透到了欣赏能力的其他方面，而我们的听觉素养弱，150 年前我们是没有能力重现声音的。19 世纪末期人类才第一次记录声音，这也许存在争议，但可再现的形象已经存在数千年了。所以，我们没有一种听觉识别的能力去理解如何解构（deconstruct）声音。但是，当然你可以解构声音。你可以听懂电影的声音并理解它为什么这样决定。这是一个主观时刻。我们看到了环境，但我们听不到环境。这一定是个选择。这个选择是什么，它如何支持叙事？你可以像解构视觉一样去解构听觉。

（曼吉尼和默雷，2015）

声音被如此地自然化，那些没有参与处理过程的人很难想象这是一系列选择的结果。以下描述了对待声音工作的一种态度，这对于电影声音设计师来说很平常，对其他领域来说也是如此。

声音做出的贡献，可以说，每一点贡献都像作曲家、美术设计、摄影师的贡献一样具有艺术性。他们都对审美有所贡献。他们分析剧本、与导演一起阅读，他们创造一种方法和一种美学，也许可以用"潜意识"这个词来描述，作家也总是以读者并不察觉的方式引导着他们。在使用的词语中，或镜头，或照明，或色彩，都不是使用文字的形式去描述、讲述故事。声音也可以做同样的事，所以，它总应该有一种美学，但我们无法被欣赏，因为大多数人甚至不明白我们所做工作的基本原理，或者说我们所做的是作用于潜意识层面的，或艺术层面的，更不用说在创造它们时应用到了美学。

（曼吉尼和默雷，2015）

以声音工作涉及的技术方面来定义声音工作，不可避免地让人感到失望。虽然，他们都会用到很多专业的设备，但摄影师的工作就被看作是创造性的，而不是技术专家。虽然涉及的技术可能很专业，但目标是通过成功的合作来完成工作。在任何设计或艺术学科中，可能在想象中有很多选择被运用，同时有多种选择在每个工作的个人选择之间流动。最终，在一种创意工业中，它结合了很多声音专家的选择，他们提供的是一种选择，这是出于在特定的背景下对如何更好地运用声音的理解而作出的选择。声音剪辑师查尔斯·梅恩斯描述了这种方式背后的理念：

我会认为我工作最大的成功，就是基本上让导演感觉到，他做到的正是我以他的技能应该做到的。同时，我并不把它看作我自己的创意的消失，因为我享受合作的过程。我当然有自己的看法和观点以及对故事的创意，虽然我的首要任务是保证尽可能不去妨碍导演对故事的处理。

（梅恩斯和默雷，2015）

在这样大企业、大制作的电视节目、电影或游戏中，没有哪个人是可以把握所有元素的大师。因为那些领导项目的人绝对明白这一过程，包括声音设计也是一样，是组成搭档的创作，植入到项目的 DNA 之中，通常这样才能形成成功的合作。

成功的项目无疑是把声音作为早期思考并整合进来的。汤姆·弗莱奇曼描述了与导演马丁·斯科塞斯和剪辑师塞尔玛·斯昆梅克（Thelma Schoonmaker）长期合作的过程，包括项目中的音乐：

整个前期工作……在故事板过程中他就在思考所使用的音乐……在制作《好家伙》（Goodfellas）时，和马丁还有塞尔玛合作——总是在事先就考虑到音乐，经常是在剧本阶段就考虑了。而且，我认为多数电影人都是如此。这真的取决于那是什么样的音乐。我认为在电影学校里，它们叫叙事时空和非叙事时空，我们称它们为有源和无源。但是如果无源音乐是现成的（如唱片音乐），一般就要早早决定下来。

［弗莱什曼（Fleichman）和默雷，2015］

音乐就像其他声音元素一样是项目整体蓝图的一部分，而不是像图画的表层（颜色），在结构完成之后才涂抹上去。

以实践为目标的声音理论

基本上，声音可以被定义为声学现象，或人类所感知的对象。声音也可以从几个其他学科角度来研究。演员和声音学家可能都关心人类声音的可懂度，但就语义的内容来说不同学科对声音的研究没有什么共同之处。从内容的角度来看，即使是最重要的人类声音——语言，仍然是没有被充分挖掘的资源。语言学，虽然与符号学关系很近，但在描述声音广泛的用途上仍然能力有限，即使仅仅是人类声音也是如此："语言学将语言的文本作为其对象，但是顾及不到声音，语言社会性的表达，永远含义丰富" [帕奇（Patch），2013]。那么，符号学模型在应用于声音设计时有什么优势呢？除了提供整体框架以及一种描述声音的语言之外，皮尔士的符号学模型还有一些特殊的益处：

• 它可以被用作分析个别声音、声 / 画结合以及声音 - 对象的关系。

• 通过阐释实践中的内在概念基础，它可以协助揭示并解释涉及声音制作的创意过程。

• 它通过提供一种语言来解释实践中固有的理论和实践过程，具有批评检验实践的能力，解释如何富有含义地运用声音。

• 在创造含义的过程中，它也考虑到个别声音的解释。

• 它还顾及到了声音的解释随时间或附带体验的变化而被修改的可能性。

• 它与现有的声音理论相结合，因此提供了一种教学的框架，使用它可以教授声音设计实践。

概念框架的开发，可被应用于所有类型的声音，无论它们的功能或在声带或声景中的等级层次如何。它支持个体与同事、声音专家和非本行业专家、从业者和理论家之间的合作以及富有成效的讨论。采用皮尔士的符号学模型，可将声音概念化为一种符号学系统，而非简单的声音类型，如对话、声效或音乐。它提供了一种描述每个声音元素被如何运用来实现其多种功能的方法。它也提供了语言的工具，不仅协助解释声音本身，还有当它被听到时发生了什么，以及在一个特殊背景下听到声音时，声音含义的产生过程。

创建声音设计或任何类型声景的任务，可以被重新设计为有关"听众听到声音之后，应该知道、感觉或是认识到什么"的一系列问题。这种方法的关注焦点在如何影响故事的讲述或传达情感的决策上，或信息是如何传达的，它是怎样被观众理解的，以及它如何被相信。它将焦点从每种声音的分类转移到其特别的功能上，其中包括每个声音元素是如何被选择、操控来服务于一个特别的目的的。

由米歇尔·希翁所描述的聆听类型影响到从声带上各个声音元素的决策，到声带的整体面貌。在符号学术语中，这些声音的属性被重新组织为声音-符号，与它们所代表的事物具有图示性（iconic）、索引性（idenxical）或象征性（symbolic）关系。每种性质都能由声音设计师操控，并被观众所理解。这种声音的模型并不追求抛弃已有的由理论家、从业者们创建的声音模型。确实，由理克·奥尔特曼、米歇尔·希翁、沃尔特·默奇以及汤姆林森·霍曼创建的声音模型可以被整合到更宽范的符号学模型中去。同样，虽然典型的工业模型将声音概括为对话、音乐或声效，每种声音又有子分类，但符号学分析可被应用于每个声音分类或个别的声音，使得声音元素可按它们的特殊功能或声带中的作用来分类。

操作声音

在为此书的写作而与业界从业者进行的谈话中，越来越明显的是从业者就声音的看法很一致。声音从业者们及时按要求的标准完成工作的压力逐渐增加，特别是后期制作，每个人都为他们的作品贡献最出色的专业技能，并重视与声音及合作者和整个业界的同事们的合作。很少有人特别关注技术或工具，只是专注于熟练掌握技术或工具，但是每个人都热衷于声音本身和他们协助讲故事的潜力。

仍有一种感觉是，即使在 20 世纪 70 年代声音的复兴之后，依旧需要一些宣传来坚称这样的观点：声音设计是一种艺术的、具有创意的活动，对其的关注是值得的，而且极其有效。蒂姆·尼尔森描述了许多人面临的难题：

很不幸，对于声音的看法是极其技术化的，这是声音设计的本性。我们必须熟悉很多计算机软件和录音用的话筒，以及其他相关知识，而其核心不应该是技术。声音设计是一种创意的活动，就如同为一个场景选择正确的照明，或选择正确的剪辑点一样。那些认识到这一点的导演在运用声音上就占有优势，他们的影片就会受益，而与那些把这一点归为第二位的，在制作过程之后才考虑的影片形成对比。

（尼尔森和默雷，2015）

这里对从业者们的采访旨在形成一些有代表性的写照，而不是整个的声音行业的代表。同时，他们展示了正在从事的行业的情况。动效拟音师杰伊·派克在从事电影和电视工作之前为戏剧工作，而他的动效录音师马特·哈什以前为实况音乐会做扩声。保拉·费尔菲尔德因为为电影和电视的声音设计和声音剪辑而闻名，但她同时也为虚拟现实项目工作。马克·曼吉尼最为人所熟知的是为故事片进行声音剪辑和混录，但他也开始从事电视卡通片工作，同时也为几部卡通片作过曲。汤姆·弗莱奇曼（Tom Fleischman）最为人所熟知的是他与马丁·斯科塞斯合作的故事片和电视故事片，但在他职业生涯中也做过纪录片，这是个很长的人生履历。过去人们整个的职业生涯都涉及一个特别的领域，后来横跨不同领域的工作很常见，主要是因为不同的行业和媒体在运用声音上有相似性。

由于时间或预算不足造成的局限性对于多数从业者们来说是个共同的问题，会时不时地出现，就像任何其他创意性工作遇到的问题一样。有时，更富想象力地运用声音的最大难题是同事们对声音创造性潜在手段的理解或认识，限制了声音在作品原始概念中的参与度，或是他们对声音会对整个作品影响的潜力认识不足。剧作家、导演或制片人真正认识到声音的价值，看到其在完成作品中的重要性时，声音的影响就会贯穿制作过程的始终。同样，有些从业者很享受制作的传统方法，与那些认识到他们的贡献和专业性的人合作，将声音同事们早期介入的意见、看法和建议更好地整合到作品的基础之中，而不是把声音作为完成结构的"外层或色彩"。

那些采集环境声音的人和那些为幻想的生物剪辑声音或用完全不相干的声音为某形象匹配声音的人，他们之间的工作方式有着明显的区别。虽然他们的工作也有许多共同之处，无论哪种从业者在描述他们的工作或过程时，经常谈到他们最终一致的目标——叙事的形式，或对观众的影响，或需要的感觉或情感——终点不是声音本身，声音是达成目标的手段。

总结

本书中经常使用"声音设计"这个术语来描述声音作用与任务的所有方法，在其他语境中可以更精确地描述为声效剪辑、音响设计或声音监督。沃尔特·默奇对这个术语的倡导反映出一种理想的工作方式，以及一人监督整个声带制作的角色，即声音指导。蒂姆·尼尔森这样描述声音设计工作："声音设计是一种对声音运用的意图。它不是随意的，你做事是有目的的"（尼尔森和默雷，2015）。虽然声音设计中涉及的技术经常很复杂，但任何时候它都不是最重要的。画面剪辑、视觉效果设计师和摄影师也运用复杂的技术，但是总有一种认识，认为声音是技术性的而非艺术性的。这部分是因为，为了实现其艺术性或创意性的结果，声音从业者在工作完成时有意或必须使声音设计不可见或令观众感觉不到。这里所建议的模型——声音可被作为一个符号体系的一部分来理解，可以应用于完成的工作。虽然许多录音师、剪辑师和混录师不必以符号学的概念（不明推论、能指-对象关系、动态对象和解释项等）来看待他们的日常工作，但是用来完成这项工作的基本过程可以经常通过使用符号学术语进行分析。无论完成的工作是通过动效或为幻想的人物创作声音来给观众一种新的真实感，还是为看起来自然但从一刻到另一刻都需要精确的声音事件而混合一个复杂的声音网格，其涉及的基本方法都差不多。通过描述声音本身和从业者们完成他们的工作而使用的处理方法，我们可以为声音有意义的运用提供一些线索。在工作中，在声音被创作、录制、操控和混合的选择工作背后，有一些决策的基本原理，这些原理可以被研究以揭示某些基本的原则。

当查尔斯•S.皮尔士首先概括了他的符号学体系时，有人认为它是新奇的，他感到很惊讶。他仅仅把他认为"自从人类开始拥有思想时即认识到的"（皮尔士，哈茨霍恩和威斯，1960，8.264）编辑成典。同样，这里应用的体系并不是新的。这仅仅是应用某些概念工具的一种方法，分析声音被如何运用与理解，以及各类声音设计师可以观察他们工作的方法（借用皮尔士的话）——"我认为，这能为他们做些什么"（皮尔士，哈茨霍恩和威斯，1960，8.264）。我的意图是，通过探索声音可被认为是一种符号而起作用的方法，它增加了一种观点的分量，即声音讲故事的潜力经常被看作是一种附属品或是事后的思考，而不是视听作品的重要元素，声音因此受到局限。通常声音工作完成得如此娴熟，而把自己隐藏了起来，这就意味着其创意性的工作有被归功于他人或被忽略的危险。

对于关注声音世界的人来说，注意力太容易被技术或这项工作的工具吸引，而不会放在添加声音所产生的价值上。如果没有对最终完成的声音设计所付出的努力的理解与知识，任何已经付出的智力与艺术的工作都已变得不可见。通过讨论声音的影响，以及如何实现声音的作用和多重职责，我们可以更广泛地理解声音设计师的工作和声音设计的影响。对于那些工作于"幕后"、参与到声音设计工作之中的人，就整体影响来说，声音是如何影响听众的，也更明确了一点。

注释

1.《牛津英语字典》定义"设计"为"头脑中为特别的目的而做或计划（什么）"。

附录A

专业术语——声音、音频、电影、电视和游戏制作术语

这个词汇表所包含的术语是声音和电影理论，以及电影、电视和游戏声音领域有特别含义的术语。

Acousmatic：无声源的。

Acousmêtre：无形音。一种人声角色，特别是对于电影来说，多数情况是电影叙事从听到声音而见不到声源中得到力量。

ADR，"looping"：自动对白替换。

Ambience：环境声。

Atmosphere，atmos：气氛声。虽然有时与 Ambience 互换使用，但 atmos 所描述的是原始素材的气氛声。

CGI：计算机生成的影像。

Cut，Cutting：剪辑的术语，剪切。来自磁带录音时期，录音媒介被实际地剪断再用胶带贴起来，以实现剪辑。

Diegetic sound/non-diegetic sound：叙事时空声音 / 非叙事时空声音。

Establishing shot：建设性镜头 / 关系镜头 / 远景镜头。通常为一个场景开始的镜头，提示场景或时间的变化。

Foley：动效。以前叫后期同步声效。以技术先驱 Jack Foley 的名字命名。

Foley Arist，Foley Walker：做动效的人。

Game Space：游戏中进行活动的概念化的空间或竞技场。

Game World：一个统一自足的世界，特别为游戏而设计的功能环镜。

Leitmotif：音乐主导动机。

Non-diegetic sound：非叙事时空的声音。

Pre-lap：声音先入。下一场景的声音先于影像出现。

Post-production：后期制作。

Pre-production：先期制作。计划期，或案头期，或在拍摄期之前需要先完成的工作，如先期录音。

Principal photography：拍摄期。

Production：拍摄期。

Production sound：同期录音的声音。

Rerecording（dubbing）：混录。

Reverberation：混响。

Shot/reverse shot：正 / 反打镜头。

Sound Designer，sound design：声音设计师，声音设计。

Spotting list：拉片记录单。录音师、作曲、导演、制片人一起拉片（拖动影片进度条）确定哪里需要什么声音效果和音乐，以及确定哪些对白需要后期重新补录，哪里需要重做动效，有哪些声音设计的需求等。

Stereo：立体声。

Sync，sync sound：同步，同步声。

附录B

词汇表——皮尔士的符号学术语

节选自《皮尔士术语评论字典》(*The Commens Dictionary of Peirce's Terms*),除非另有说明。

Abduction——Hypothesis, as a form of reasoning (a posteriori reasoning).

Categories, Universal Categories——Modes of being, fundamental conceptions, which include Firstness, Secondness, and Thirdness.

Dicent——A sign represented in its signified interpretant as is if it were in real relation to its object. A sign that is a sign of actual existence for its interpretant.

Dynamical interpretant——The actual effect that it has upon its interpreter. See also "Final interpretant" and "immediate interpretant".

Dynamical object——The Object determined through collateral experience. See also "Immediate object" and "Object".

Final interpretant——An idealized interpretant. The effect that the sign would produce upon any mind on which the circumstances should permit it to work out its full effect. See also "Dynamical interpretant" and "Immediate interpretant".

Firstness——Indicated by a quality of feeling. The mode of being of that which is, positively and without reference to anything else. See also "secondness" and "Thirdness".

Icon——A Representamen whose Representative Quality is a Firstness that possesses the quality signified.

Immediate interpretant——The effect that the sign first produces or may produce upon a mind, without any reflection on it. See also "Dynamical interpretant" and "first interpretant".

Index——A Representamen whose Representative Quality is a Secondness that is in real reaction with the object denoted.

Interpretant——The effect of the sign produced in the mind of the interpreter. See also "Dynamical interpretant", "Final interpretant" and "Immediate interpretant".

Legisign——A sign whose nature is of a general type, law or rule.

Object——That which the sign stands for. See also "Dynamic object" and "Immediate object".

Qualisign——A quality that is a sign (Firstness).

Reality——The state of affairs as they are, irrespective of what any mind or any definite collection of minds may be defined as comprising characteristics that are independent of what anybody may think then to be.

Representamen——The representation is the character of a thing by virtue of which, for the production of a certain mental effect, it may stand in place of another thing. A Representamen is the subject of a triadic relation to a second, called its object, for a third, called its Interpretant. This tradic relation being such that the representamen determines its interpretant to stand in the same triadic relation to the same object for some interpretant.

Rheme——A sign whose signified interpretant is a character or property.

Secandness——Dependence. The mode of being of that which is, with respect to a second but regardless of any third. See also "Firstness" and "Thirdness".

Sign—— "A sign is anything which is so determined by something else, called its Object, and so determines an effect upon aperson, which effect I call its Interpretant, that the latter is thereby mediately determined by the former".

Signifier/Sign Vehicle——see "Representatamen".

Sinsign——An actual existent thing or event that is a sign (Secondness).

Symbol——A representamen whose representative quality is a Thirdness, which represents it object, independently of any resemblance or any real connection. A symbol is a Representamen whose representative character consists precisely in it being a rule or habit that will determine its interpretant.

Thirdness——Tending toward a law or general character. The mode of being that which is, in bringing a second and third into relation to each other. The mode of being whereby the future facts of Secondness will take on a determinate general character. See also "Firstness" and "Secondess".

Universal Categories——see "Categories".

附录C

采访列表

作者为本书撰写进行了一些采访。目的是通过与几位声音从业者谈论他们的工作和一些制作中的具体问题，来验证本书的一些理论。选择这些被采访者不仅因为他们的作品特别有影响力（即电影、游戏、电视系列片或其他作品），也因为我对他们的作品特别感兴趣，还因为他们的专业和在声音工作方面广泛的经历。我特别感谢这些受访者贡献他们的时间，同时畅谈他们的思想以及他们自己工作中的体会，特别是精细描述他们个人的工作方法和观点、见解。

查尔斯·梅恩斯（Charles Myanes）（2015年10月12日采访）

查尔斯·梅恩斯是位录音师和声音剪辑师。查尔斯从1994年开始就从事电影工作，因为HBO的《太平洋战争》（*The Pacific*）和《盖茨堡》（*Gettysburg*）赢得两项艾美奖的最佳声音剪辑奖，同时他也为奥斯卡获奖影片《U-571》和《硫磺岛家书》（*Letters From Iwo Jima*）做过声音剪辑工作。他参与声音工作的影片还包括《龙卷风》（*Twister*）、《星河战队》（*Starship Troopers*）、《杀出个黎明》（*From Dusk Till Dawn*）和《危险关系》（*Jackie Brown*）。他制作的游戏声音有《幽灵行动4：未来战士》（*Ghost Recon：Future Soldier*）和《使命召唤》（*Call of Duty*）系列。他目前主要作为独立声音设计师工作，同时他还是位有声誉的声效录音师，主要录制武器的声音，为数量众多的3A级视频游戏做过声效。

杰伊·派克（Jay Peck）和马特·哈什（Matt Haasch）（2015年9月28日采访）

杰伊·派克（动效拟音师）和马特·哈什（动效录音师）是一对搭档，以纽约州郊区为制作基地。杰伊和马特是一对很受欢迎的组合，特别是在东海岸制作的项目中。可以从几部广受关注的电视系列片中听到他们设计的声音，如《火线》（*The Wire*）、《真探》（*True Detective*）系列剧，还有电影《摔角王》（*The Wrestler*）和《无境之兽》（*Beasts of No Nation*）。

蒂姆·尼尔森（Tim Nielsen）（2015 年 9 月 30 日采访）

最初在南加州大学学习摄影，蒂姆·尼尔森在听过一次嘉里·瑞德斯托姆（Gary Rydstrom）的课之后，他的兴趣转向声音。他于 1999 年开始在 Skywalker 工作，他作为声音剪辑师为几部得奖影片工作过，如《阿凡达》（*Avatar*）、《战马》（*War Horse*）《指环王》（*The Lord of the Rings*）系列片，以及《莫阿娜》（*Moana*），还有广受关注的电影如《加勒比海盗》（*Pirates of the Caribbean*）系列片，以及《血色将至》（*There Will Be Blood*）。

汤姆·弗莱奇曼（Tom Fleischman）（2015 年 9 月 25 日采访）

汤姆·弗莱奇曼是电影剪辑师戴迪·艾伦（*Dede Allen*）和电视纪录片制作人史蒂芬·弗兰西曼（*Stephen Fleischman*）的儿子。他很小就知道他将来会在电影制作行业工作。他的职业生涯开始于纽约电影声音业不同的录音棚中，最终开始混录独立制作的电影，并在理查德·沃利塞克（Richard Vorisek）的指导下开始混录故事片。从那之后，他长期与几位导演合作，包括乔纳森·戴米（Jonathan Demme）、斯派克·李（Spike Lee），最有名的合作导演是马丁·斯科塞斯（Martin Scorsese），与他合作了《喜剧之王》（*The King of Comedy*）。他因为《雨果》（*Hugo*）赢得了奥斯卡奖，而且是自沃伦·比蒂（Warren Beatty）的《烽火赤焰万里情》（*Reds*）之后第一个得到提名的来自纽约的混录团队。

马克·曼吉尼（Mark Mangini）（2015 年 10 月 5 日采访）

马克·曼吉尼在美国波士顿长大，在去洛杉矶之前学习外语，他在动画制作公司汉纳·巴贝拉（Hanna-Barbera）的声音部门得到了一份工作，参与了《瑜伽熊》（*Yogi Bear*）、《哈克狗》（*Huckleberry Hound*）、《摩登原始人》

（*Flinstones*）、《史酷比狗》（*Scooby Doo*）和《穴居人船长》（*Captain Caveman*）的声音制作。他目前是声音剪辑监督和混录师。他因为《银翼杀手 2049》（*Blade Runner 2049*）、《狮子王》（*The Lion King*）和《夺宝奇兵》（*Raiders of the Lost Ark*）而获得声音剪辑奖，因《疯狂的麦克斯：狂暴之路》（*Mad Max：Furty Road*）而获得奥斯卡金像奖。

保拉·费尔菲尔德（Paula Fairfield）（2015 年 10 月 5 日采访）

保拉是罗伯特·罗德里格兹（Robert Rodriguez）的长期合作伙伴，制作了《顽石之拳》（*Hands of Stone*）、《罪恶之城》（*Sin City*）和《特工神童》（*Spy Kids*）。保拉在声音领域的工作开始于艺术院校，并在很多电影、电视、交互作品和沉浸式虚拟现实项目中担任过声音效果剪辑师、声音设计师。保拉最著名的获奖声音设计是为影片《权力游戏》（*Games of Thrones*）和《迷失》（*Lost*）进行的声音设计。

埃马尔·维格特（Emar Vegt）（2015 年 6 月 25 日采访）

大学本科毕业之后，埃马尔·维格特选择了声音设计专业深造。他在埃因霍芬理工大学的工业设计系读理科硕士，专业是工业声景设计。目前在宝马公司工作，他领导了一个汽车声音设计师团队。从汽车业为用户体验考虑的角度，以及从内燃机引擎向其他形式的没有固有相同声音的引擎转变的角度来说，声音这个领域变得越来越重要。